全国二级建造师执业资格考试

水利水电工程 管理与实务

同步章节习题集

环球网校建造师考试研究院 组编

U0254560

中国石化出版社
HTTP://WWW.SINOPEC-PRESS.COM
教·育·出·版·中·心

图书在版编目（CIP）数据

水利水电工程管理与实务 / 环球网校建造师考试研究院组编 . —北京：中国石化出版社，2021.3

（全国二级建造师执业资格考试同步章节习题集）

ISBN 978-7-5114-6206-0

Ⅰ.①水… Ⅱ.①环… Ⅲ.①水利水电工程—工程管理—资格考试—习题集 Ⅳ.①TV-44

中国版本图书馆 CIP 数据核字（2021）第 050545 号

中国石化出版社出版发行

地址：北京市东城区安定门外大街 58 号

邮编：100011　电话：（010）57512500

发行部电话：（010）57512575

http://www.sinopec-press.com

E-mail：press@sinopec.com

三河市中晟雅豪印务有限公司印刷

全国各地新华书店经销

*

787×1092 毫米 16 开本 13 印张 321 千字

2021 年 3 月第 1 版　2021 年 3 月第 1 次印刷

定价：39.00 元

二级建造师执业资格考试实行全国统一大纲，各省、自治区、直辖市命题并组织的考试制度，分为综合科目和专业科目。综合考试涉及的主要内容是二级建造师在建设工程各专业施工管理实践中的通用知识，它在各个专业工程施工管理实践中具有一定普遍性，包括《建设工程施工管理》《建设工程法规及相关知识》2个科目，这2个科目为各专业考生统考科目。专业考试涉及的主要内容是二级建造师在专业工程施工管理实际工程中应该掌握和了解的专业知识，有较强的专业性，包括建筑工程、市政公用工程、机电工程、公路工程、水利水电工程等专业。

二级建造师《水利水电工程管理与实务》考试时间为180分钟，满分120分。试卷共有三道大题：单项选择题、多项选择题、实务操作和案例分析题。其中，单项选择题共20题，每题1分，每题的备选项中，只有1个最符合题意。多项选择题共10题，每题2分，每题的备选项中，有2个或2个以上符合题意，至少有1个错项。错选，本题不得分；少选，所选的每个选项得0.5分。实务操作和案例分析题共4题，每题20分。

做题对于高效复习、顺利通过考试极为重要。为帮助考生巩固知识、理顺思路，提高应试能力，环球网校建造师考试研究院依据二级建造师执业资格考试最新考试大纲，精心选择并剖析常考知识点，深入研究历年真题，倾心打造了这本同步章节习题集。环球网校建造师考试研究院建议您按照如下方法使用本书。

◇**学练结合，夯实基础**

环球网校建造师考试研究院依据最新考试大纲，按照知识点精心选编同步章节习题，并对习题进行了分类——标注"必会"的知识点及题目，需要考生重点掌握；标注"重要"的知识点及题目，需要考生会做并能运用；标注"了解"的知识点及题目，考生了解即可，不作为考试重点。此外，每章还配有章节导学课，由环球网校建造师考试研究院的一线名师为大家讲解如何学习。建议考生制订适合自己的学习计划，学练结合，扎实备考。

◇**学思结合，融会贯通**

本书中的每道题目均是环球网校建造师考试研究院根据考试频率和知识点的考查方向精挑细选出来的。在复习备考过程中，建议考生勤于思考、善于总结，灵活运用所学知识，提升抽丝剥茧、融会贯通的能力。此外，建议考生对错题进行整理和分析，从每一道具体的错题入手，分析错误的知识原因、能力原因、解题习惯原因等，从而完善知识体系，达到高效备考的目的。

◇系统学习，高效备考

在学习过程中，一方面要抓住关键知识点，提高做题正确率；另一方面要关注知识体系的构建。在掌握全书知识脉络后，一定要做套试卷进行模拟考试。本书在章节习题集后精心选编了两套全真模拟试卷，旨在让考生进行系统的模拟练习，检测自己的复习情况，进而胸有成竹地参加考试。考生还可以扫描封面二维码，进入二级建造师课程＋题库 App，随时随地移动学习海量课程和习题，全方位提升应试水平。

在此，特别感谢环球网校建造师考试研究院的王丽雪、蔡恒、张君、李莹、安国庆、吴然、潘晓宇、刘秋颖、池亚红、刘亚静、张灿、张亚东、王维雪、赵金凤、刘敬、商莉莉、卢颖等老师的倾力付出。本套辅导用书在编写过程中，虽几经斟酌和校阅，仍难免有不足之处，恳请广大读者和考生予以批评指正。

相信本书可以帮助广大考生在短时间内熟悉出题"套路"、学会解题"思路"、找到破题"出路"。在二级建造师执业资格考试之路上，环球网校与您相伴，助您一次通关！

请大胆写出你的得分目标＿＿＿＿＿

环球网校建造师考试研究院

目　录

PART4　案例专题模块

PART5　全真模拟试卷

参考答案与解析

PART 1

2F310000

水利水电工程施工技术

2F311000　水利水电工程建筑物及建筑材料

2F311010　水利水电工程建筑物的类型及相关要求

扫码即听
本章导学

■ 知识脉络

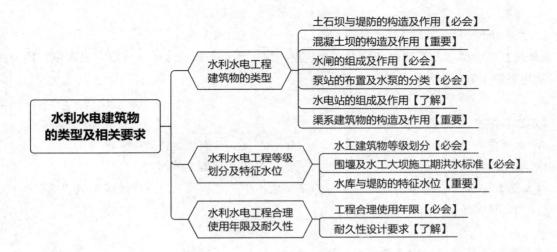

考点 1　土石坝与堤防的构造及作用【必会】

1. 【单选】我国《碾压式土石坝设计规范》（SL 274—2001）规定，高度为 40m 的坝为（　　）。

　　A. 低坝　　　　　　　　　　　　　　B. 中坝

　　C. 高坝　　　　　　　　　　　　　　D. 超低坝

2. 【单选】断面不分防渗体和坝壳，基本上是由均一的黏性土料（壤土、砂壤土）筑成的坝是（　　）。

　　A. 均质坝　　　　　　　　　　　　　B. 分区坝

　　C. 土料防渗体坝　　　　　　　　　　D. 黏土心墙坝

3. 【单选】下图所示的碾压式土石坝，属于（　　）。

　　A. 均质坝　　　　　　　　　　　　　B. 面板坝

　　C. 黏土斜墙坝　　　　　　　　　　　D. 黏土心墙坝

4. 【单选】土石坝坝顶常设混凝土或浆砌石防浪墙，其墙顶高于坝顶一般为（　　）m。

　　A. 0.5～0.8　　　　　　　　　　　　B. 1.0～1.2

　　C. 1.5～2.0　　　　　　　　　　　　D. 2.0～2.5

5. 【单选】根据我国《碾压式土石坝设计规范》（SL 274—2001）规定，高度为15m的坝为（　　）。

    A. 低坝   B. 中坝

    C. 高坝   D. 超低坝

6. 【多选】土石坝设置防渗设施的作用不包括（　　）。

    A. 减少通过坝体的渗流量   B. 减少通过坝基的渗流量

    C. 增加上游坝坡的稳定性   D. 降低浸润线

    E. 降低渗透流速

7. 【单选】均质土坝的防渗体是（　　）。

    A. 心墙   B. 斜墙

    C. 截水墙   D. 坝体本身

8. 【单选】防渗体顶与坝顶之间应设有保护层，厚度不小于该地区的冰冻或干燥深度，同时按结构要求不宜小于（　　）m。

    A. 1   B. 2   C. 3   D. 4

9. 【单选】黏性土心墙一般布置在（　　）。

    A. 坝体中部稍偏向上游   B. 坝体中部稍偏向下游

    C. 坝体上游侧   D. 坝体下游侧

10. 【单选】黏性土心墙和斜墙顶部水平厚度一般不小于（　　）m，以便于机械化施工。

    A. 1.5   B. 2

    C. 2.5   D. 3

11. 【单选】不能用于土坝上游护坡的类型是（　　）。

    A. 浆砌石护坡   B. 干浆砌石护坡

    C. 混凝土护坡   D. 草皮护坡

12. 【单选】坝坡排水时，如坝较长则应沿坝轴线方向每隔（　　）设一横向排水沟，以便排除雨水。

    A. 50~80m   B. 60~100m

    C. 50~150m   D. 50~100m

13. 【单选】土坝排水中，不能降低浸润线的是（　　）。

    A. 贴坡排水   B. 堆石棱体排水

    C. 褥垫排水   D. 管式排水

14. 【单选】对于堤防的构造，下列说法错误的是（　　）。

    A. 土质堤防的构造与作用和土石坝类似，包括堤顶、堤坡与戗台、护坡与坡面排水、防渗与排水设施、防洪墙等

    B. 堤高超过6m的背水坡宜设戗台，宽度不宜小于1.5m

    C. 堤防防渗体的顶高程应高出设计水位1.0m

    D. 风浪大的海堤、湖堤临水侧宜设置消浪平台

15. 【多选】堤防构造的防渗材料可采用（　　）。

    A. 黏土   B. 混凝土

    C. 干砌石   D. 沥青混凝土

    E. 土工膜

考点 2 混凝土坝的构造及作用【重要】

1.【多选】重力坝按结构分类可分为（   ）。

    A. 空腹重力坝   B. 宽缝重力坝

    C. 混凝土重力坝   D. 浆砌石重力坝

    E. 实体重力坝

2.【单选】为了便于检查坝体和排除坝体渗水，在靠近坝体上游面沿高度每隔（   ）m 设一检查兼作排水用的廊道。

    A. 5～10   B. 10～20   C. 15～20   D. 15～30

3.【单选】下图为挡土墙底板扬压力示意图，图中的 P_s 是指（   ）。

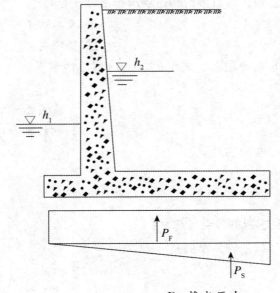

    A. 浮托力   B. 静水压力

    C. 动水压力   D. 渗透压力

4.【多选】下列混凝土重力坝所受荷载中，不属于扬压力的有（   ）。

    A. 动水压力   B. 波浪压力

    C. 浮托力   D. 泥沙压力

    E. 渗流压力

5.【单选】支墩坝中最简单的形式是（   ）。

    A. 连拱坝   B. 平板坝

    C. 大头坝   D. 分拱坝

6.【单选】某坝是超静定结构，有较强的超载能力，受温度的变化和坝肩位移的影响较大，这种坝是（   ）。

    A. 拱坝   B. 支墩坝

    C. 重力坝   D. 土石坝

考点 3　水闸的组成及作用【必会】

1.【单选】水闸（　　）的作用是挡水，以减小闸门的高度。

A. 闸墩　　　　　　　　　　　　　　　B. 胸墙

C. 底板　　　　　　　　　　　　　　　D. 工作桥

2.【单选】水闸的组成中，其中铺盖的主要作用是（　　）。

A. 防渗　　　　　　　　　　　　　　　B. 防冲

C. 消能　　　　　　　　　　　　　　　D. 排水

3.【多选】下列可以用于水闸上游铺盖的材料有（　　）。

A. 黏土　　　　　　　　　　　　　　　B. 干砌石

C. 沥青混凝土　　　　　　　　　　　　D. 钢筋混凝土

E. 砂砾石

4.【单选】水闸工程下游连接段海漫的构造要求包括（　　）。

A. 表面粗糙　　　　　　　　　　　　　B. 透水性差

C. 有足够的重量　　　　　　　　　　　D. 坚硬耐磨

5.【单选】适用于地基承载力较高、高度在 5～6m 以下的情况，且在中小型水闸中应用很广的翼墙是（　　）。

A. 悬臂式翼墙　　　　　　　　　　　　B. 空箱式翼墙

C. 重力式翼墙　　　　　　　　　　　　D. 扶壁式翼墙

6.【单选】橡胶坝中比较常用的是（　　）。

A. 袋式坝　　　　　　　　　　　　　　B. 帆式坝

C. 刚柔混合结构坝　　　　　　　　　　D. 刚式坝

考点 4　泵站的布置及水泵的分类【必会】

1.【单选】下列水泵中不属于叶片泵的是（　　）。

A. 离心泵　　　　　　　　　　　　　　B. 容积泵

C. 轴流泵　　　　　　　　　　　　　　D. 混流泵

2.【单选】叶片泵中的蜗壳式泵属于（　　）。

A. 离心泵　　　　　　　　　　　　　　B. 立式泵

C. 轴流泵　　　　　　　　　　　　　　D. 混流泵

3.【多选】水泵内的能量损失不包括（　　）。

A. 渗漏损失　　　　　　　　　　　　　B. 电力损失

C. 水力损失　　　　　　　　　　　　　D. 容积损失

E. 机械损失

4.【单选】泵壳中水流的撞击、摩擦造成的能量损失属于（　　）。

A. 机械损失　　　　　　　　　　　　　B. 容积损失

C. 线路损失　　　　　　　　　　　　　D. 水力损失

5.【单选】扬程是指单位重量的水从泵进口到泵出口所增加的能量，有设计扬程、工作扬程、净扬程。下面说法正确的是（　　）。

A. 工作扬程总是大于净扬程

B. 工作扬程总是等于净扬程

C. 设计扬程总是大于工作扬程

D. 设计扬程总是小于工作扬程

6. 【多选】叶片泵的抽水装置包括（　　）。

A. 叶片泵
B. 动力机

C. 泵房
D. 管路

E. 传动设备

7. 【单选】启动前泵壳和进水管内必须充满水的水泵是（　　）。

A. 轴流泵
B. 离心泵

C. 混流泵
D. 轴流泵和混流泵

8. 【多选】下列有关叶片泵性能参数的说法不正确的有（　　）。

A. 水泵铭牌上的扬程是设计扬程

B. 水泵铭牌上的效率是最高效率

C. 扬程可以用来确定泵的安装高程

D. 水泵铭牌上的扬程是额定扬程

E. 水泵铭牌上的效率是对应于通过最大流量时的效率

考点 5 水电站的组成及作用 【了解】

1. 【单选】一般设在河流的凹岸，由进水闸、冲砂闸、挡水坝和沉砂池组成的是（　　）。

A. 无压进水口
B. 塔式进水口

C. 压力墙式进水口
D. 竖井进水口

2. 【单选】当水电站上游压力水管较长时，为了减小水压力，应在压力管道上设（　　）。

A. 通气孔
B. 调压室

C. 充水阀
D. 检修孔

考点 6 渠系建筑物的构造及作用 【重要】

1. 【单选】渡槽由输水的槽身及支承结构、基础和进出口建筑物等部分组成。小型渡槽一般采用矩形截面和（　　）。

A. 简支梁式结构
B. 整体式结构

C. 拱式结构
D. 桁架式结构

2. 【单选】水头在 30m 左右的倒虹吸管宜采用（　　）。

A. 混凝土管
B. 钢筋混凝土管

C. 铸铁管
D. 钢管

3. 【多选】下列关于涵洞构造的说法正确的有（　　）。

A. 圆形管涵可适用于有压或小型无压涵洞

B. 盖板涵可用于有压涵洞

C. 有压涵洞各节间的沉降缝应设止水

D. 为防止洞身外围产生集中渗流可设截水环

E. 拱涵一般用于无压涵洞

考点 7 水工建筑物等级划分【必会】

1. 【单选】根据《水利水电工程等级划分及洪水标准》（SL 252—2017），某水利水电工程等别为Ⅱ等，其次要建筑物级别应为（   ）级。

    A. 2

    B. 3

    C. 4

    D. 5

2. 【单选】根据《水利水电工程等级划分及洪水标准》（SL 252—2017），某水库设计年引水量为 $8000 \times 10^4 \, \text{m}^3$，则此水库的工程等别至少应为（   ）等。

    A. Ⅱ

    B. Ⅲ

    C. Ⅳ

    D. Ⅴ

3. 【单选】某水利水电工程中的灌排泵站，其灌溉面积为 100 万亩，其工程等别为（   ）等。

    A. Ⅰ

    B. Ⅱ

    C. Ⅲ

    D. Ⅳ

4. 【单选】对于同时分属于不同级别的临时性水工建筑物，其级别应按照其中的（   ）确定。

    A. 最高级别

    B. 最低级别

    C. 最强级别

    D. 最弱级别

5. 【单选】在 1 级堤防上建一个小型穿堤涵洞，该穿堤涵洞建筑物的级别是（   ）。

    A. 1 级

    B. 2 级

    C. 3 级

    D. 4 级

6. 【单选】防洪标准重现期为 25 年的堤防工程的级别为（   ）级。

    A. 2

    B. 3

    C. 4

    D. 5

7. 【单选】下列库容的水库中，属于大（2）型水库的是（   ）。

    A. $5 \times 10^5 \, \text{m}^3$

    B. $5 \times 10^6 \, \text{m}^3$

    C. $5 \times 10^7 \, \text{m}^3$

    D. $5 \times 10^8 \, \text{m}^3$

8. 【单选】某水利枢纽工程，其装机容量为 $150 \times 10^6 \, \text{W}$，则其工程规模为（   ）。

    A. 大（1）型

    B. 大（2）型

    C. 中型

    D. 小型

9. 【单选】某 $10 \times 10^8 \, \text{m}^3$ 水库大坝的施工临时围堰，围堰高 55m，使用年限 3 年。该临时围堰的级别应为（   ）。

    A. 2

    B. 3

    C. 4

    D. 5

考点 8 围堰及水工大坝施工期洪水标准【必会】

1. 【单选】某水利工程土石围堰级别为 4 级，相应围堰洪水标准应为（   ）年一遇。

    A. 5～3

    B. 10～5

    C. 20～10

    D. 50～20

2. 【单选】某土石坝工程施工中，高程超过上游围堰高程时，其相应拦洪库容为 $1 \times 10^7 \, \mathrm{m}^3$，该坝施工期临时度汛的洪水标准为（　　）年一遇。

A. 20～50

B. 50～100

C. 100～200

D. 200～300

3. 【单选】某水库混凝土坝，其拦洪库容为 $5 \times 10^8 \, \mathrm{m}^3$，在施工期间其高程超过临时性挡水建筑物顶部高程，则其水库大坝施工期洪水标准是（　　）。

A. 10 年一遇

B. 20 年一遇

C. 40 年一遇

D. 60 年一遇

考点 9　水库与堤防的特征水位【重要】

1. 【单选】堤防工程特征水位中，当水位达到设防水位后继续上升到某一水位时，防洪堤随时可能出险，防汛人员必须迅速开赴防汛前线，准备抢险，这一水位称为（　　）。

A. 设防水位

B. 防汛水位

C. 警戒水位

D. 保证水位

2. 【单选】水库在正常运用的情况下，为满足设计的兴利要求在供水期开始时应蓄到的最高水位是（　　）。

A. 防洪高水位

B. 正常蓄水位

C. 防洪限制水位

D. 警戒水位

3. 【单选】水库遇下游保护对象的设计洪水位时在坝前达到的最高水位称（　　）。

A. 校核洪水位

B. 兴利水位

C. 防洪限制水位

D. 防洪高水位

考点 10　工程合理使用年限【必会】

1. 【单选】某堤防工程保护对象的防洪标准为 30 年一遇，该堤防的合理使用年限是（　　）年。

A. 150

B. 100

C. 50

D. 30

2. 【单选】某溢洪道工程永久性建筑物级别为 2 级，其闸门的合理使用年限为（　　）年。

A. 20

B. 30

C. 50

D. 100

3. 【单选】某水利枢纽工程，其水库库容为 $5 \times 10^7 \, \mathrm{m}^3$，那么该工程的合理使用年限是（　　）年。

A. 150

B. 100

C. 50

D. 30

考点 11　耐久性设计要求【了解】

1. 【多选】对于合理使用年限为 50 年的水工结构，环境条件类别为二类的配筋混凝土耐久性的基本要求包括（　　）。

A. 混凝土最低强度等级为 C25

B. 最小水泥用量为 $300 \mathrm{kg/m}^3$

C. 最大水胶比为 0.45

D. 最大氯离子含量为 0.1%

E. 最大碱含量为 3.0kg/m³

2. 【单选】淡水水位变化区、有轻度化学侵蚀性地下水的地下环境、海水水下区的环境类别属于（　　）类。

A. 二

B. 三

C. 四

D. 五

2F311020　水利水电工程勘察与测量

■ 知识脉络

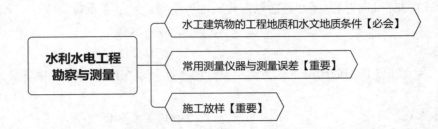

3. 【单选】地质构造（或岩层）在空间的位置叫做地质构造面或岩层层面的（　　）。

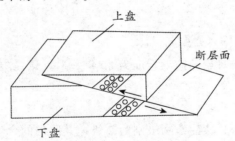

考点 1　水工建筑物的工程地质和水文地质条件【必会】

1. 【单选】下图属于断层类型中的（　　）。

A. 正断层

B. 逆断层

C. 平移断层

D. 垂直断层

2. 【单选】地表形态、高程、地势高低、山脉水系、自然景物、森林植被以及人工建筑物分布等的综合反映称为（　　）。

A. 地形

B. 地貌

C. 地质

D. 地理

3. 【单选】地质构造（或岩层）在空间的位置叫做地质构造面或岩层层面的（　　）。

A. 地质构造

B. 产状

C. 褶皱构造

D. 断裂构造

4. 【单选】某基坑边坡不稳定，易产生流土、流沙、管涌等现象，其适用的排水方法为（　　）。

　　A. 明排法　　　　　　　　　　　　B. 井点法

　　C. 管井法　　　　　　　　　　　　D. 开挖法

考点 2　常用测量仪器与测量误差【重要】

1. 【多选】下列工程施工放样产生的误差中，属于外界条件的影响的有（　　）。

　　A. 大气折光的误差

　　B. 整平误差

　　C. 对光误差

　　D. 估读误差

　　E. 仪器升降的误差

2. 【单选】DS3 型水准仪，每公里往返高差测量的偶然中误差为（　　）。

　　A. ±30cm　　　　　　　　　　　　B. ±3mm

　　C. ±0.3mm　　　　　　　　　　　 D. ±3cm

3. 【单选】在测量误差中，由于观测者粗心或者受到干扰而产生的错误称为（　　）。

　　A. 系统误差　　　　　　　　　　　B. 偶然误差

　　C. 粗差　　　　　　　　　　　　　D. 必然误差

考点 3　施工放样【重要】

1. 【单选】地图的比例尺是地图上任一线段的长度与地面相应的（　　）之比。

　　A. 水平距离　　　　　　　　　　　B. 斜线距离

　　C. 竖直距离　　　　　　　　　　　D. 实际距离

2. 【多选】下列有关施工放样的方法，属于平面位置放样方法的有（　　）。

　　A. 极坐标法

　　B. 轴线交会法

　　C. 光电测距三角高程法

　　D. 水准测量

　　E. 测角后方交会法

3. 【多选】下列有关施工放样的方法，属于高程放样方法的有（　　）。

　　A. 极坐标法

　　B. 轴线交会法

　　C. GPS－RTK 高程测量法

　　D. 水准测量

　　E. 单三角形法

4. 【单选】下列地形图数字比例尺中，属于大比例尺的是（　　）。

　　A. 1：5000　　　　　　　　　　　 B. 1：50000

　　C. 1：500000　　　　　　　　　　 D. 1：5000000

2F311030　水利水电工程建筑材料

知识脉络

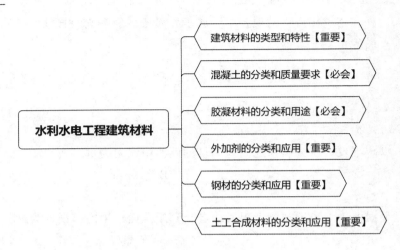

考点 1　建筑材料的类型和特性【重要】

1.【单选】下列属于胶凝材料的是（　　）。

    A. 水玻璃   B. 砂浆

    C. 混凝土   D. 泡沫玻璃

2.【单选】抗冻等级 F 表示，如 F50 表示材料抵抗 50 次冻融循环，以下说法正确的是（　　）。

    A. 强度损失未超过 25%，质量损失未超过 5%

    B. 强度损失未超过 5%，质量损失未超过 25%

    C. 强度损失未超过 15%，质量损失未超过 10%

    D. 强度损失未超过 10%，质量损失未超过 15%

3.【单选】材料在潮湿的空气中吸收空气中水分的性质称为（　　）。

    A. 亲水性   B. 吸湿性

    C. 耐水性   D. 吸水性

4.【单选】粉状或颗粒状材料在某堆积体积内，颗粒之间的空隙体积所占的比例是指（　　）。

    A. 孔隙率   B. 密实度

    C. 填充率   D. 空隙率

5.【单选】粉状或颗粒状材料在某堆积体积内，被其颗粒填充的程度称为（　　）。

    A. 孔隙率   B. 密实度

    C. 填充率   D. 空隙率

考点 2　混凝土的分类和质量要求【必会】

1.【单选】砂的粗细程度用细度模数表示，当细度模数为 2.5 时属于（　　）。

    A. 粗砂   B. 中砂

C. 细砂

D. 特细砂

2. 【单选】砂按技术要求分为Ⅰ类、Ⅱ类、Ⅲ类，其中Ⅱ类砂宜用于强度等级为（　　）。

A. ＞C60

B. C30～C60

C. ＜C30

D. C25～C60

3. 【单选】当混凝土集料用量一定时，其比表面积随着粒径的（　　）。

A. 增大而增大

B. 增大而减小

C. 减小而减小

D. 减小而增大

4. 【单选】砂的颗粒级配和粗细程度常用（　　）方法进行测定。

A. 筛分析

B. 数字分析

C. 抽选

D. 直接测定

5. 【单选】砂的粒径范围为（　　）mm。

A. 0.10～4.70

B. 0.15～4.75

C. 0.20～4.80

D. 0.25～4.85

6. 【单选】计算普通混凝土配合比时，一般集料的基准状态为（　　）。

A. 干燥状态

B. 气干状态

C. 饱和面干状态

D. 湿润状态

7. 【单选】普通混凝土的干表观密度范围为（　　）。

A. ＞2800kg/m³

B. 2000～2800kg/m³

C. ＜2000kg/m³

D. 没有规定

8. 【单选】入仓铺料时为避免砂浆流失、集料分离，此时宜采用（　　）坍落度混凝土。

A. 高

B. 低

C. 中等

D. 随意

9. 【单选】水利工程流动性混凝土坍落度为（　　）mm。

A. 10～40

B. 50～90

C. 100～150

D. ≥160

考点 3　胶凝材料的分类和用途【必会】

1. 【多选】胶凝材料中，石灰的特点包括（　　）。

A. 可塑性好

B. 强度低

C. 水化热高

D. 体积收缩大

E. 耐水性好

2. 【多选】水玻璃通常可作为（　　）来使用。

A. 防冻材料

B. 防水剂

C. 耐酸材料

D. 灌浆材料

E. 涂料

3. 【单选】铝酸盐水泥用于钢筋混凝土时，钢筋保护层的厚度不得小于（　　）。

A. 5mm

B. 50mm

C. 6mm

D. 60mm

4. 【单选】水泥属于（　　）材料。

  A. 水硬性胶凝   B. 气硬性胶凝

  C. 有机胶凝   D. 合成高分子

5. 【单选】帷幕灌浆所用水泥的强度等级应不低于（　　）MPa。

  A. 32.5   B. 42.5

  C. 52.5   D. 62.5

6. 【单选】水工混凝土的掺合料中，应用最广泛的是（　　）。

  A. 粉煤灰   B. 矿渣粉

  C. 硅粉   D. 火山灰

考点 4　外加剂的分类和应用【重要】

1. 【单选】下列不属于改善混凝土拌合物流动性能的外加剂是（　　）。

  A. 缓凝剂   B. 减水剂

  C. 引气剂   D. 泵送剂

2. 【多选】可以调节混凝土凝结时间和硬化性能的外加剂有（　　）。

  A. 缓凝剂   B. 早强剂

  C. 引气剂   D. 泵送剂

  E. 减水剂

3. 【多选】缓凝剂具有（　　）作用，对钢筋也无锈蚀作用。

  A. 缓凝   B. 减水

  C. 降低水化热   D. 增大水化热

  E. 防冻

4. 【多选】下列关于混凝土外加剂掺加方法叙述正确的有（　　）。

  A. 对不溶于水的外加剂，直接加入混凝土搅拌机内

  B. 对可溶于水的外加剂，直接加入混凝土搅拌机内

  C. 对不溶于水的外加剂，应与适量水泥或砂混合均匀后加入搅拌机内

  D. 直接加入混凝土搅拌机内

  E. 对可溶于水的外加剂，应先配成一定浓度的水溶液，随水加入搅拌机

考点 5　钢材的分类和应用【重要】

1. 【单选】含碳量为 1.0% 的钢筋属于（　　）。

  A. 高碳钢   B. 中碳钢

  C. 低碳钢   D. 微碳钢

2. 【多选】钢筋按生产加工工艺的不同可分为（　　）。

  A. 光圆钢筋   B. 带肋钢筋

  C. 热处理钢筋   D. 冷拉钢筋

  E. 冷轧钢筋

3. 【单选】普通低合金钢的合金元素总含量范围是（　　）。

  A. <5%   B. >5%

C. ≤5%
D. ≥5%

4.【单选】下图所示的钢筋应力-应变曲线中，b 表示（ ）。

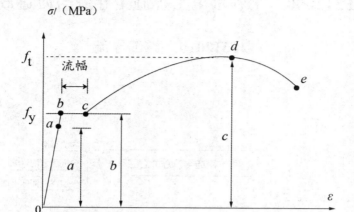

A. 屈服强度
B. 设计强度

C. 极限强度
D. 条件屈服强度

5.【多选】钢筋的力学性能中，反映钢筋塑性性能的基本指标有（ ）。

A. 抗拉强度
B. 屈服强度

C. 极限强度
D. 伸长率

E. 冷弯性能

6.【多选】水利工程施工中，HRB400 的质量检验的主要指标包括（ ）。

A. 含碳量
B. 屈服强度

C. 极限强度
D. 伸长率

E. 冷弯性能

7.【单选】下列关于钢筋的表述，正确的是（ ）。

A. HPB 表示热轧带肋钢筋

B. HRB 表示热轧光圆钢筋

C. 冷拉 I 级钢筋适用于预应力受拉钢筋

D. RRB 表示余热处理钢筋

考点 6　土工合成材料的分类和应用【重要】

1.【单选】可用于堤防、土石坝防渗的土工合成材料是（ ）。

A. 土工织物
B. 土工膜

C. 渗水软管
D. 土工格栅

2.【单选】土工合成材料分为土工织物、土工膜、土工复合材料和土工特种材料四大类，下列
不属于土工特种材料的是（ ）。

A. 土工格栅
B. 土工合成材料黏土垫层

C. 软式排水管
D. 土工模袋

2F312000　水利水电工程施工导流与河道截流

2F312010　施工导流

扫码即听
本章导学

■ 知识脉络

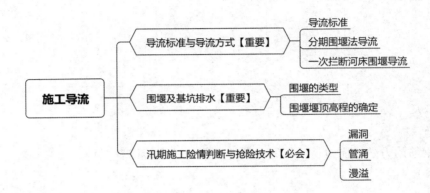

考点 1　导流标准与导流方式【重要】

1. 【单选】下列不属于导流标准的是（　　）。

　　A. 导流建筑物级别　　　　　　　　　　B. 导流洪水标准

　　C. 导流时段　　　　　　　　　　　　　D. 施工期临时度汛标准

2. 【多选】当水库大坝施工高程超过临时性挡水建筑物顶部高程时，坝体施工期临时度汛的洪水标准的依据有（　　）。

　　A. 坝型　　　　　　　　　　　　　　　B. 大坝级别

　　C. 坝后拦洪库容　　　　　　　　　　　D. 坝前拦洪库容

　　E. 坝前防洪库容

3. 【单选】根据《水利水电工程施工组织设计规范》，导流建筑物应根据其保护对象、失事后果、使用年限和工程规模划分为（　　）级。

　　A. 1～5　　　　　　　　　　　　　　　B. 2～5

　　C. 3～5　　　　　　　　　　　　　　　D. 4～5

4. 【单选】在河岸上开挖渠道，在基坑的上下游修建横向围堰，河道的水流经渠道下泄称为（　　）。

　　A. 隧洞导流　　　　　　　　　　　　　B. 涵管导流

　　C. 明渠导流　　　　　　　　　　　　　D. 暗渠导流

5. 【多选】导流时段的确定，与（　　）有关。

　　A. 河流的水文特征　　　　　　　　　　B. 主体建筑物的布置与形式

　　C. 导流方案　　　　　　　　　　　　　D. 施工进度

E. 主体建筑物施工方法

6.【单选】通过建筑物导流的主要方式包括设置在混凝土坝体中的底孔导流，混凝土坝体上预留缺口导流、梳齿孔导流，平原河道上的低水头河床式径流电站可采用厂房导流，这种方式多用于分期导流的（　　）。

A. 准备阶段　　　　　　　　　　　　　　B. 前期阶段

C. 中期阶段　　　　　　　　　　　　　　D. 后期阶段

7.【多选】下列不宜采用分期围堰法导流的情况有（　　）。

A. 导流流量大，河床宽

B. 河床中永久建筑物便于布置导流泄水建筑物

C. 河床覆盖层不厚

D. 河床覆盖层厚

E. 一岸具有较宽的台地、垭口或古河道的地形

8.【单选】为坝体临时挡水阶段属于一次拦断河床围堰导流的（　　）阶段。

A. 准备　　　　　　　　　　　　　　　　B. 前期

C. 中期　　　　　　　　　　　　　　　　D. 后期

9.【单选】某水电工程坐落在河谷狭窄、两岸地形陡峻、山岩坚实的山区河段，设计采用一次拦断河床围堰法导流，此工程宜采用（　　）导流。

A. 束窄河床　　　　　　　　　　　　　　B. 明渠

C. 涵管　　　　　　　　　　　　　　　　D. 隧洞

考点 2　围堰及基坑排水【重要】

1.【单选】装配式钢板桩格型围堰适用于在岩石地基或混凝土基座上建造，其最大挡水水头不宜大于（　　）m。

A. 10　　　　　　　　　　　　　　　　　B. 15

C. 20　　　　　　　　　　　　　　　　　D. 30

2.【单选】混凝土围堰的特点不包括（　　）。

A. 挡水水头高　　　　　　　　　　　　　B. 底宽大

C. 抗冲能力大　　　　　　　　　　　　　D. 堰顶可溢流

3.【单选】某工程采用不过水土石围堰，基坑上游围堰挡水位为 32m，下游围堰挡水位为 30.4m，波浪爬高为 0.5m，安全超高为 1.0m，该工程下游围堰堰顶高程至少应为（　　）。

A. 31.9m　　　　　　　　　　　　　　　B. 32.5m

C. 32.6m　　　　　　　　　　　　　　　D. 33.1m

考点 3　汛期施工险情判断与抢险技术【必会】

1.【单选】漏洞险情进水口的探测方法通常不包括（　　）。

A. 投放颜料观察水色　　　　　　　　　　B. 潜水探漏

C. 水面观察　　　　　　　　　　　　　　D. 仪器探测

2. 【单选】当漏洞洞口较多且较为集中，逐个堵塞费时且易扩大成大洞时，可采用（　　）。

  A. 塞堵法
  B. 盖堵法

  C. 戗堤法
  D. 疏导法

3. 【单选】管涌险情抢护时，围井内必须用（　　）铺填。

  A. 砂石反滤料
  B. 土工织物

  C. 透水性材料
  D. 不透水性材料

4. 【单选】当地面出现单个管涌或管涌数目虽多但比较集中的情况时，宜采用的抢护方法是（　　）。

  A. 盖堵法
  B. 戗堤法

  C. 反滤围井
  D. 反滤层压盖

5. 【单选】漫溢险情抢护时，各种子堤的外脚一般都应距围堰外肩（　　）m。

  A. 0.2～0.5
  B. 0.5～1.0

  C. 1.0～1.3
  D. 1.5～2.0

2F312020 河道截流

■ 知识脉络

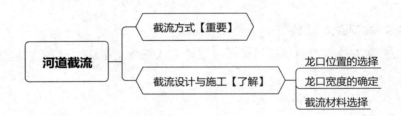

考点 1 截流方式【重要】

1. 【单选】下列河道截流方法中，须在龙口建造浮桥或栈桥的是（　　）。

  A. 平堵法
  B. 立堵法

  C. 浮运结构截流
  D. 水力充填法

2. 【单选】大流量、岩基或覆盖层较薄的岩基河床适用的截流方式为（　　）。

  A. 平堵法
  B. 立堵法

  C. 混合堵
  D. 水力充填法

3. 【单选】下列截流落差中宜选择单戗立堵截流的是（　　）。

  A. 4.0m
  B. 4.5m

  C. 6.0m
  D. 8.0m

考点 2 截流设计与施工【了解】

1. 【单选】下列关于龙口位置的选择，说法不正确的是（　　）。

  A. 截流龙口位置宜设于河床水深较深的部位

B. 截流龙口位置宜设于河床覆盖层较薄部位

C. 龙口工程量小

D. 考虑进占堤头稳定及河床冲刷因素

2. 【多选】为了提高龙口的抗冲能力，减少合龙的工程量，须对龙口加以保护。龙口的保护措施有（　　）。

A. 护底 　　　　　　　　　　　　　　　B. 裹头

C. 抗冲板 　　　　　　　　　　　　　　D. 防冲桩

E. 戗堤护面

3. 【单选】凡有条件者，截流时采用的材料均应优先选用（　　）截流。

A. 石块 　　　　　　　　　　　　　　　B. 装石竹笼

C. 石串 　　　　　　　　　　　　　　　D. 混凝土块体

4. 【多选】截流流量一般需考虑的因素有（　　）。

A. 龙口下泄 　　　　　　　　　　　　　B. 分流建筑物下泄

C. 戗堤渗流量 　　　　　　　　　　　　D. 水库拦蓄量

E. 流速

5. 【单选】立堵截流时，最大粒径材料数量，常按困难区段抛投总量的（　　）考虑。

A. 1/2 　　　　　　　　　　　　　　　B. 1/3

C. 2/3 　　　　　　　　　　　　　　　D. 1/4

6. 【单选】龙口段抛投的大块石、钢筋石笼或混凝土网面体等材料数量应考虑一定备用，备用系数宜取（　　）。

A. 1.2～1.5 　　　　　　　　　　　　B. 1.1～1.3

C. 1.2～1.4 　　　　　　　　　　　　D. 1.2～1.3

7. 【多选】下列关于截流年份内截流时段的说法，不正确的有（　　）。

A. 一般选择枯水期开始

B. 流量有明显下降的时候

C. 流量最小的时段

D. 流速最小的时段

E. 不一定是流量最小的时段

扫码即听
本章导学

2F313000　水利水电工程主体工程施工

2F313010　土石方开挖工程

知识脉络

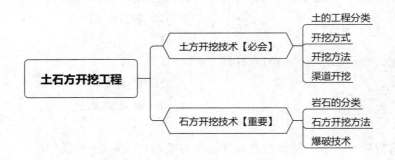

考点 1　土方开挖技术【必会】

1. 【单选】水利水电工程施工中常用土的工程分类，依开挖方法、开挖难易程度等，可分为（　　）类。

   A. 2
   B. 3
   C. 4
   D. 5

2. 【单选】水利水电工程施工中常用土的工程分类中的黏土的等级为（　　）。

   A. Ⅰ等
   B. Ⅱ等
   C. Ⅲ等
   D. Ⅳ等

3. 【单选】土方开挖不宜采用（　　）。

   A. 自上而下开挖

   B. 上下结合开挖

   C. 自下而上开挖

   D. 分期分段开挖

4. 【单选】铲运机可以按卸土方式进行分类，下列不属于按此种方法分类的是（　　）。

   A. 回转式
   B. 强制式
   C. 半强制式
   D. 自由式

5. 【单选】装载机按额定载重量可分为小型、轻型、中型、重型，属于轻型装载机的额定载重量是（　　）。

   A. ＜1t
   B. 1～3t
   C. 4～8t
   D. ＞10t

6. 【多选】推土机可以完成的工作有（　　）。

  A. 推土   B. 装土

  C. 运土   D. 卸土

  E. 铲土

7. 【单选】推土机的开行方式基本是（　　）的。

  A. 穿梭式   B. 回转式

  C. 进退式   D. 错距式

8. 【单选】水利水电工程土基开挖施工中，当开挖临近设计高程时，应预留厚度为（　　）m 的保护层，待上部结构施工时再人工挖除。

  A. 0.1～0.2   B. 0.2～0.3

  C. 0.3～0.5   D. 0.5～0.7

9. 【单选】下列有关渠道开挖的说法，正确的是（　　）。

  A. 采用人工开挖渠道时，边坡不宜做成台阶状

  B. 采用推土机开挖渠道，其开挖深度为 3m

  C. 推土机开挖渠道开行方式有环形开行

  D. 人工开挖渠道在干地上应自中心向外，分层下挖

考点 2　石方开挖技术【重要】

1. 【单选】岩石根据坚固系数的大小分级，Ⅺ级的坚固系数的范围是（　　）。

  A. 10～25   B. 20～30

  C. 20～25   D. 25～30

2. 【多选】下列岩石中，属于沉积岩的有（　　）。

  A. 花岗岩   B. 石灰岩

  C. 玄武岩   D. 石英岩

  E. 砂岩

3. 【多选】下列岩石属于火成岩的有（　　）。

  A. 片麻岩   B. 闪长岩

  C. 辉长岩   D. 辉绿岩

  E. 玄武岩

4. 【多选】石方开挖包括（　　）。

  A. 露天石方开挖

  B. 地下工程开挖

  C. 明挖

  D. 暗挖

  E. 机械开挖

2F313020　地基处理工程

知识脉络

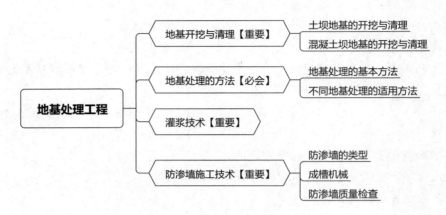

考点 1　地基开挖与清理【重要】

1.【单选】土坝地基土基开挖过程中，两岸边坡应开挖成（　　）。

　　A. 大台阶状　　　　　　　　　　　　B. 顺坡，且变坡角小于 $20°$

　　C. 顺坡，变坡角没有限制　　　　　　D. 小台阶状

2.【多选】对于土石坝主体施工中涉及的坡度限制，下面说法正确的有（　　）。

　　A. 推土机开挖渠道时，其坡度为 $1:3$

　　B. 土坝土基开挖时岸坡为 $1:2$

　　C. 土坝岩基开挖时岸坡为 $1:1$

　　D. 土坝土基开挖时岸坡为 $1:0.5$

　　E. 坝体填筑的接头处理时，接坡坡比为 $1:4$

3.【单选】下列关于混凝土坝地基的开挖与清理的说法，错误的是（　　）。

　　A. 高坝应挖至新鲜或微风化的基岩，中坝宜挖至微风化或弱风化的基岩

　　B. 坝段的基础面上下游高差不宜过大，并尽可能开挖成大台阶状

　　C. 两岸岸坡坝段基岩面，尽量开挖成平顺的斜坡

　　D. 开挖至距离基岩面 $0.5\sim1.0m$ 时，应采用手风钻钻孔，小药量爆破

考点 2　地基处理的方法【必会】

1.【单选】在建筑物和岩石接触面之间进行，以加强二者间的结合程度和基础的整体性，提高抗滑稳定性的灌浆方法是（　　）。

　　A. 固结灌浆　　　　　　　　　　　　B. 帷幕灌浆

　　C. 接触灌浆　　　　　　　　　　　　D. 高压喷射灌浆

2.【单选】地基处理方法中防渗墙主要适用于（　　）。

　　A. 岩基　　　　　　　　　　　　　　B. 较浅的砂砾石地基

　　C. 较深的砂砾石地基　　　　　　　　D. 黏性土地基

3. **【单选】**下列地基处理方法中，对软基和岩基均适用的方法是（　　）。

　　A. 旋喷桩　　　　　　　　　　　　　　B. 排水法

　　C. 挤实法　　　　　　　　　　　　　　D. 灌浆法

4. **【单选】**下列地基处理的适用方法中不正确的是（　　）。

　　A. 岩基处理使用灌浆法

　　B. 软土地基使用开挖法

　　C. 膨胀土地基使用预浸水法

　　D. 冻土地基使用铺设水平铺盖法

考点 3　灌浆技术【重要】

1. **【多选】**按浆液的灌注流动方式，灌浆可分为（　　）。

　　A. 纯压式　　　　　　　　　　　　　　B. 循环式

　　C. 一次灌浆　　　　　　　　　　　　　D. 自上而下灌浆

　　E. 自下而上灌浆

2. **【单选】**下列灌浆类别中，只采用纯压式灌浆的是（　　）灌浆。

　　A. 化学　　　　　　　　　　　　　　　B. 固结

　　C. 帷幕　　　　　　　　　　　　　　　D. 劈裂

3. **【单选】**下列有关固结灌浆的施工顺序，错误的是（　　）。

　　A. 有盖重的坝基固结灌浆应在混凝土达到要求强度后进行

　　B. 基础灌浆宜按照先固结后帷幕的顺序进行

　　C. 水工隧洞中的灌浆宜按照先回填灌浆、后固结灌浆、再接缝灌浆的顺序进行

　　D. 水工隧洞中的灌浆宜按照先帷幕灌浆、后固结灌浆、再接缝灌浆的顺序进行

考点 4　防渗墙施工技术【重要】

1. **【单选】**槽孔型防渗墙的施工程序正确的是（　　）。

　　A. 平整场地、挖导槽、做导墙、安装挖槽机械设备

　　B. 挖导槽、平整场地、做导墙、安装挖槽机械设备

　　C. 平整场地、做导墙、挖导槽、安装挖槽机械设备

　　D. 平整场地、安装挖槽机械设备、挖导槽、做导墙

2. **【单选】**下列关于防渗墙工序质量检查程序的排序，正确的是（　　）。

　　A. 造孔→清孔→终孔→接头处理→混凝土浇筑

　　B. 造孔→清孔→接头处理→混凝土浇筑→终孔

　　C. 造孔→终孔→清孔→接头处理→混凝土浇筑

　　D. 造孔→清孔→终孔→混凝土浇筑→接头处理

3. **【单选】**防渗墙墙体质量检查可采用钻孔取芯、注水试验或其他检测等方法，该检查应该在成墙（　　）d后进行。

　　A. 7　　　　　　　　　　　　　　　　　B. 14

　　C. 28　　　　　　　　　　　　　　　　D. 56

2F313030　土石方填筑工程

■ 知识脉络

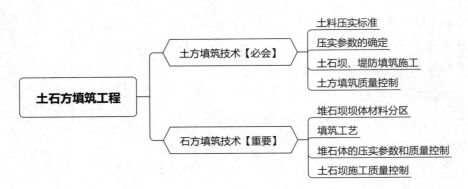

考点 1　土方填筑技术【必会】

1.【多选】黏性土的压实标准由（　　）指标控制。

　　A. 相对密实度

　　B. 天然密度

　　C. 干密度

　　D. 施工含水量

　　E. 孔隙率

2.【单选】土料填筑压实参数不包括（　　）。

　　A. 碾压机具的种类

　　B. 碾压遍数及铺土厚度

　　C. 含水量

　　D. 振动碾压的振动频率及行走速率

3.【单选】在确定土料压实参数的碾压试验中，一般以单位压实遍数的压实厚度（　　）者为最经济合理。

　　A. 最大

　　B. 最小

　　C. 等于零

　　D. 无穷小

4.【多选】黏性土料的碾压试验作（　　）关系曲线。

　　A. 干密度

　　B. 铺土厚度

　　C. 压实遍数

　　D. 最大干密度

　　E. 含水量

5.【单选】碾压土石坝施工时，如非黏性土料含水量偏低，其加水应主要在（　　）进行。

　　A. 料场

　　B. 坝面

　　C. 运输过程

　　D. 卸料前

6.【单选】碾压土石坝的基本作业不包括（　　）。

　　A. 排水清基

　　B. 坝面铺平

　　C. 坝面压实

　　D. 料场土石料的开采

7.【单选】碾压土石坝施工前的"一平四通"指的是（　　）的内容。

　　A. 准备作业

　　B. 基本作业

C. 附加作业　　　　　　　　　　　　　　　D. 辅助作业

8.【单选】某坝面碾压施工设计碾压遍数为 4 遍，实际碾压遍数为 5 遍，碾滚净宽为 4m，则错距宽度为（　　）m。

　　A. 0.5　　　　　　　　　　　　　　　　　　B. 0.8

　　C. 1　　　　　　　　　　　　　　　　　　　D. 1.5

9.【单选】具有生产效率高等优点的碾压机械开行方式是（　　）。

　　A. 进退错距法　　　　　　　　　　　　　　B. 圈转套压法

　　C. 进退平距法　　　　　　　　　　　　　　D. 圈转碾压法

10.【单选】土石坝坝面流水作业时各施工段工作面的大小取决于各施工时段的（　　）。

　　A. 上坝顺序　　　　　　　　　　　　　　　B. 上坝强度

　　C. 上坝时间　　　　　　　　　　　　　　　D. 上坝空间

11.【单选】土石坝工作面的划分，应尽可能（　　）。

　　A. 垂直坝轴线方向　　　　　　　　　　　　B. 平行坝轴线方向

　　C. 根据施工方便灵活设置　　　　　　　　　D. 不需考虑压实机械工作条件

12.【单选】坝面作业保证压实质量的关键要求是（　　）。

　　A. 铺料均匀　　　　　　　　　　　　　　　B. 按设计厚度铺料整平

　　C. 铺料宜平行坝轴线进行　　　　　　　　　D. 采用推土机散料平土

13.【单选】在坝体填筑中，层与层之间分段接头应错开一定距离，同时分段条带应与坝轴线平行布置，各分段之间不应形成过大的高差。接坡坡比一般缓于（　　）。

　　A. 1：2　　　　　　B. 1：3　　　　　　C. 1：4　　　　　　D. 1：5

14.【多选】下列关于土石坝施工中铺料与整平的说法，不正确的有（　　）。

　　A. 铺料宜平行坝轴线进行，铺土厚度要匀

　　B. 进入防渗体内铺料，自卸汽车卸料宜用进占法倒退铺土

　　C. 黏性土料含水量偏低，主要应在坝面加水

　　D. 非黏性土料含水量偏低，主要应在料场加水

　　E. 铺填中不应使坝面起伏不平，避免降雨积水

15.【多选】根据施工方法、施工条件及土石料性质的不同，坝面作业可分为（　　）几个主要工序。

　　A. 覆盖层清除　　　　　　　　　　　　　　B. 铺料

　　C. 整平　　　　　　　　　　　　　　　　　D. 质量检验

　　E. 压实

16.【多选】下列关于土石坝施工中接头处理的说法，不正确的有（　　）。

　　A. 层与层之间分段接头应错开一定距离

　　B. 一般都采用土、砂平起的施工方法

　　C. 当采用羊脚碾与气胎碾联合作业时，土砂结合部可用羊脚碾进行压实

　　D. 在夯实土砂结合部时，宜先夯反滤料，等合格后再夯土边一侧

　　E. 填土碾压时，要注意混凝土结构物两侧均衡填料，压实，以免对其产生过大侧向压力，影响其安全

17. 【单选】对土坝条形反滤层进行质量检查时，每隔（   ）m设一取样断面。

    A. 20
                 B. 50

    C. 80
                 D. 100

18. 【单选】对土料场的质量检查和控制中，（   ）的检查和控制最为重要。

    A. 土块大小
                 B. 杂质含量

    C. 含水量
                 D. 土质情况

19. 【单选】料场含水量偏高，为满足上坝要求，承包商可能采取的措施不包括（   ）。

    A. 对土料翻晒处理
           B. 改善排水条件

    C. 分块筑畦埂
              D. 采取防雨措施

20. 【单选】土石坝坝面的质量检查中，砂砾料因缺乏细料而架空时，一般用（   ）测定。

    A. 灌砂法
               B. 灌水法

    C. 200～500cm³的环刀
      D. 500cm³的环刀

考点 2　石方填筑技术【重要】

1. 【单选】面板堆石坝坝体分区从迎水面到背水面依次是（   ）。

    A. 过渡区、垫层区、主堆石区、下游堆石区

    B. 垫层区、过渡区、主堆石区、下游堆石区

    C. 垫层区、过渡区、下游堆石区、主堆石区

    D. 过渡区、垫层区、下游堆石区、主堆石区

2. 【单选】堆石坝中多用后退法施工的分区为（   ）。

    A. 主堆石区
                B. 过渡区

    C. 铺盖区
                 D. 垫层区

3. 【单选】堆石坝垫层填筑施工中，坝料宜采用（   ）卸料。

    A. 进占卸料、进占铺平法
      B. 后退法

    C. 进占法
               D. 进占卸料、后退铺平法

4. 【单选】垫层料铺筑上游边线水平超宽一般为（   ）cm。

    A. 10～20
             B. 20～30

    C. 30～40
             D. 40～50

5. 【单选】一般堆石体最大粒径不应超过层厚的（   ）。

    A. 1/2
               B. 2/3

    C. 3/4
               D. 1/3

6. 【多选】通过碾压试验确定的面板堆石坝堆石体的压实参数有（   ）。

    A. 碾压机具重量
         B. 铺层厚度

    C. 碾压遍数
             D. 干密度

    E. 含水量

7. 【单选】堆石体的堆实压实质量指标通常用（   ）表示。

    A. 干密度
              B. 压实度

    C. 孔隙率
              D. 级配

8.【单选】控制堆石压实的质量指标，现场堆石密实度的检测主要采取（　　）。

  A. 试坑法　　　　　　　　　　　　　　B. 环刀法

  C. 试验法　　　　　　　　　　　　　　D. 有限单元计算法

9.【单选】一般堆石坝坝体垫层料的最大粒径为（　　）mm。

  A. 80～100　　　　　B. 200　　　　　C. 300　　　　　D. 400

10.【单选】对堆石坝过渡料进行颗分检查时，其颗分取样部位应为（　　）。

  A. 较低处　　　　　　　　　　　　　　B. 中心处

  C. 界面处　　　　　　　　　　　　　　D. 较高处

11.【多选】下列属于垫层料压实控制指标的有（　　）。

  A. 干密度　　　　　　　　　　　　　　B. 含水量

  C. 压实度　　　　　　　　　　　　　　D. 相对密度

  E. 孔隙率

12.【单选】根据《碾压式土石坝施工规范》（DL/T 5129—2013），堆石料的压实控制指标采用（　　）。

  A. 干密度　　　　　B. 含水率　　　　　C. 压实度　　　　　D. 孔隙率

13.【多选】根据《碾压式土石坝施工规范》，坝体防渗土料（砾石土）现场鉴别控制项目中包括（　　）。

  A. 风化软弱颗粒含量　　　　　　　　　B. 含水率

  C. 砾石含量　　　　　　　　　　　　　D. 颗粒级配

  E. 允许最大粒径

14.【多选】根据《碾压式土石坝施工规范》（DL/T 5129—2013），土石坝过渡料压实的检查项目包括（　　）。

  A. 干密度　　　　　　　　　　　　　　B. 含水率

  C. 颗粒级配　　　　　　　　　　　　　D. 含泥量

  E. 砾石含量

15.【多选】根据《碾压式土石坝施工规范》（DL/T 5129—2013），对不同坝料密（密实）度、含水率的检测方法说法正确的有（　　）。

  A. 堆石料、过渡料采用挖坑灌水（砂）法测密度

  B. 试坑直径不小于坝料最大粒径的2～3倍，最大不超过2m

  C. 试坑深度为碾压层厚

  D. 环刀法测密度时，应挖至层间结合面

  E. 挖坑灌水（砂）法，应取压实层的下部

16.【多选】下列关于负温施工的说法，错误的是（　　）。

  A. 当日平均气温低于－10℃时，黏性土料应按低温季节进行施工管理

  B. 黏性土含水量略高于塑性

  C. 压实土料温度应在－1℃以上

  D. 砂砾料不得加水

  E. 填筑时应基本保持正温

2F313040　混凝土工程

■ 知识脉络

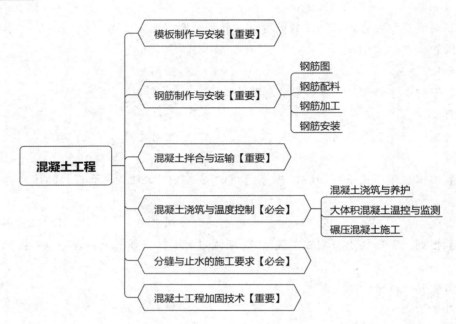

混凝土工程
- 模板制作与安装【重要】
- 钢筋制作与安装【重要】
  - 钢筋图
  - 钢筋配料
  - 钢筋加工
  - 钢筋安装
- 混凝土拌合与运输【重要】
- 混凝土浇筑与温度控制【必会】
  - 混凝土浇筑与养护
  - 大体积混凝土温控与监测
  - 碾压混凝土施工
- 分缝与止水的施工要求【必会】
- 混凝土工程加固技术【重要】

考点 1　模板制作与安装【重要】

1.【多选】混凝土模板对新浇混凝土的主要作用有（　　）。

A. 成型
B. 保护
C. 改善
D. 提高稳定性
E. 支撑

2.【多选】模板按照形状可以分为（　　）。

A. 木模板
B. 钢模板
C. 平面模板
D. 混凝土模板
E. 曲面模板

3.【单选】下列模板种类中，属于按架立和工作特征分类的是（　　）。

A. 承重模板
B. 悬臂模板
C. 移动式模板
D. 混凝土模板

4.【单选】模板及其支架承受的荷载分基本荷载和特殊荷载两类。其中钢筋和预埋件的重量可按（　　）kN/m^3 计算。

A. 1
B. 2
C. 3
D. 4

5. 【多选】下列模板设计荷载中，属于基本荷载的有（   ）。

    A. 新浇混凝土的侧压力

    B. 新浇混凝土的重量

    C. 振捣混凝土时产生的荷载

    D. 风荷载

    E. 模板的重量

6. 【单选】某检修桥为现浇板式结构，板厚0.35m，跨度为5m时，其设计起拱值应为（   ）。

    A. 1.5cm

    B. 1.5m

    C. 1.75cm

    D. 1.75m

7. 【单选】根据《水电水利工程模板施工规范》（DL/T 5110—2000），承重模板的抗倾覆稳定系数应大于（   ）。

    A. 1.2

    B. 1.4

    C. 1.3

    D. 1.5

8. 【单选】根据《水电水利工程模板施工规范》（DL/T 5110—2000），模板锚定头的最小安全系数是（   ）。

    A. 1.0

    B. 2.0

    C. 3.0

    D. 4.0

9. 【多选】新浇混凝土的侧压力，与混凝土初凝前的（   ）等因素有关。

    A. 强度等级

    B. 坍落度

    C. 凝固速度

    D. 捣实方法

    E. 浇筑速度

10. 【单选】模板安装必须按（   ）测量放样，对重要结构应多设控制点。

    A. 电子设计图纸

    B. 设计图纸

    C. 施工图纸

    D. 电子施工图纸

11. 【单选】跨度为8.3m的工作桥大梁模板拆除时，其混凝土强度应达到设计强度的（   ）倍。

    A. 0.5

    B. 0.75

    C. 0.85

    D. 1

12. 【单选】根据《水工混凝土施工规范》，混凝土非承重侧面模板拆除时，混凝土强度至少应达到（   ）MPa。

    A. 2.0

    B. 2.5

    C. 20

    D. 25

考点 2　钢筋制作与安装【重要】

1. 【单选】下列有关土建图中，钢筋图的表示说法不正确的是（   ）。

    A. 钢筋用粗实线表示

    B. 结构轮廓用虚线表示

    C. 钢筋的截面用小黑圆点表示

    D. 钢筋采用编号进行分类

2. 【单选】钢筋标注形式"$n \Phi d @ s$"中，d表示钢筋（   ）。

    A. 根数

    B. 等级

    C. 直径

    D. 间距

3. 【单选】以另一种牌号或直径的钢筋代替设计文件中规定的钢筋时，应按钢筋（   ）相等的原则进行。

A. 承载力设计值

B. 强度

C. 面积

D. 最小钢筋直径

4. 【单选】对于水利工程，重要结构中进行钢筋代换，应征得（　　）同意。

A. 总监理工程师

B. 设计单位

C. 主管部门

D. 质量监督单位

5. 【单选】用同牌号钢筋代换时，其直径变化范围不宜超过 4mm，代换后钢筋总截面面积与设计文件中规定的钢筋截面面积之比不得小于（　　）或大于（　　）。

A. 96%，102%

B. 98%，103%

C. 95%，105%

D. 97%，103%

6. 【单选】当构件设计是按最小配筋率配筋时，可按钢筋（　　）相等的原则进行钢筋代换。

A. 强度

B. 刚度

C. 受力

D. 面积

7. 【单选】某钢筋混凝土构件，钢筋采用焊接连接，同一截面受拉区钢筋接头的截面面积最多不宜超过受力钢筋总截面面积的（　　）倍。

A. 0.5

B. 0.2

C. 0.3

D. 0.4

8. 【单选】结构构件中纵向受力钢筋的接头应相互错开纵向受力钢筋的较大直径（　　）倍。

A. 10

B. 20

C. 25

D. 35

9. 【单选】焊接和绑扎接头距离钢筋弯头起点不得小于（　　）倍直径。

A. 8

B. 10

C. 12

D. 14

考点 3 　混凝土拌合与运输【重要】

1. 【单选】水工混凝土配料中，掺合料的称量允许偏差为（　　）。

A. ±1.0%

B. ±1.5%

C. ±2.0%

D. ±2.5%

2. 【单选】与一次投料相比，相同配比的混凝土二次投料的强度可提高（　　）倍。

A. 0.05

B. 0.1

C. 0.15

D. 0.2

3. 【多选】下列混凝土拌合方式中，不属于二次投料的有（　　）。

A. 预拌水泥砂浆法

B. 预拌水泥净浆法

C. 预拌水泥裹砂法

D. 预拌水泥砂石法

E. 预拌砂石法

4. 【多选】拌合设备生产能力主要取决于的因素包括（　　）。

A. 设备容量

B. 工作容量

C. 台数

D. 生产率

E. 月高峰强度

考点 4　混凝土浇筑与温度控制【必会】

1.【单选】混凝土入仓铺料多用（　　）。

A. 斜浇法

B. 平浇法

C. 薄层浇筑

D. 阶梯浇筑

2.【多选】根据《水工混凝土施工规范》（DL/T 5144—2001），混凝土拌合料出现下列（　　）情况，应按不合格料处理。

A. 错用配料单已无法补救，不能满足质量要求

B. 混凝土配料时，任意一种材料计量失控或漏配，不符合质量要求

C. 拌合不均匀或夹带生料

D. 出机口混凝土坍落度超过最大允许值

E. 出机口混凝土温度超过最大允许值

3.【单选】对于已经拆模的混凝土表面，应用（　　）等覆盖。

A. 草垫

B. 塑料

C. 棉布

D. 木板

4.【单选】常态混凝土浇筑应采取短间歇均匀上升、分层浇筑的方法，基础约束区的浇筑层厚度宜为（　　）m。

A. 1.0～1.5

B. 1.5～2.0

C. 2.0～3.0

D. 1.5～3.0

5.【单选】水泥运至工地的入罐或入场温度不宜高于（　　）℃。

A. 50

B. 55

C. 60

D. 65

6.【多选】常态混凝土的粗集料可采取的预冷措施有（　　）。

A. 风冷

B. 浸水

C. 喷淋冷水

D. 加冰

E. 洒水

7.【多选】下列属于大体积混凝土施工期温度监测内容的有（　　）。

A. 原材料温度监测

B. 混凝土入机口温度监测

C. 混凝土内部温度监测

D. 通水冷却监测

E. 混凝土模板温度监测

8.【单选】在低温季节施工时，混凝土出机口温度应每（　　）h测量1次。

A. 1

B. 2

C. 3

D. 4

9.【单选】在碾压混凝土配合比设计时，掺合料掺量超过（　　）时，应做专门试验论证。

A. 50%

B. 60%

C. 65%

D. 70%

10.【单选】通过试验选取最佳砂率值，当使用天然砂石料时，二级配碾压混凝土的砂率为（　　）。

A. 22%～28%

B. 28%～32%

C. 32%～37%   D. 37%～42%

11.【单选】在摊铺碾压混凝土前，通常先在建基面铺一层（   ）垫层进行找平，厚度一般为1.0～2.0m。

A. 砂砾石   B. 常态混凝土

C. 碾压混凝土   D. 黏性土

考点 5　分缝与止水的施工要求【必会】

1.【单选】混凝土坝的分缝分块，首先是沿坝轴线方向，将坝的全长划分为（   ）m左右的若干坝段。

A. 5～15   B. 15～24   C. 25～30   D. 30～34

2.【多选】重力坝中需要灌浆的缝有（   ）。

A. 永久性横缝   B. 错缝

C. 竖缝   D. 斜缝

E. 临时性横缝

3.【单选】混凝土坝分缝中，下图所示为（   ）。

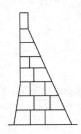

A. 竖缝   B. 斜缝

C. 错缝   D. 通仓浇筑

4.【单选】混凝土工程中龟裂缝或开度小于（   ）mm，可在表面涂抹环氧砂浆或贴条装砂浆修补。

A. 0.2   B. 0.3

C. 0.4   D. 0.5

考点 6　混凝土工程加固技术【重要】

1.【单选】修补处于高流速区的表层缺陷，为保证强度和平整度，减少砂浆干缩，可采用（   ）。

A. 压浆混凝土修补法   B. 喷混凝土修补法

C. 预缩砂浆修补法   D. 水泥砂浆修补法

2.【多选】混凝土表层加固常用方法有（   ）。

A. 喷浆修补法   B. 灌浆修补法

C. 预缩砂浆修补法   D. 水泥砂浆修补法

E. 钢纤维喷射混凝土修补法

3.【单选】混凝土裂缝修补方法中，同时适用于沉降缝和施工缝的是（   ）。

A. 环氧砂浆贴橡皮等柔性材料修补   B. 钻孔灌浆

C. 外贴钢板　　　　　　　　　　　　　　D. 喷浆

4. 【多选】下列关于混凝土裂缝处理的说法正确的有（　　　）。

    A. 受气温影响的裂缝宜在高温季节修补

    B. 不受气温影响的裂缝宜在裂缝尚未稳定时修补

    C. 龟裂缝可用表面涂抹环氧砂浆的方法处理

    D. 渗漏裂缝可在渗水出口进行表面凿槽嵌补水泥砂浆处理

    E. 施工冷缝一般应采用钻孔灌浆处理

5. 【单选】化学植筋的焊接，应考虑焊高温对胶的不良影响，采取有效的降温措施，离开基面的钢筋预留长度应不小于20d，且不小于（　　　）mm。

    A. 20　　　　　　　　　　　　　　　　B. 200

    C. 30　　　　　　　　　　　　　　　　D. 300

6. 【多选】下列关于植筋锚固施工的说法中，不正确的有（　　　）。

    A. 施工中钻出的废孔，可采用与结构混凝土同强度等级的水泥

    B. 植筋可以使用光圆钢筋

    C. 植入孔内部分钢筋上的锈迹、油污应打磨清楚干净

    D. 化学锚栓如需焊接，应在固化后方可进行

    E. 化学锚栓再固化期间禁止扰动

2F313050　水利水电工程机电设备及金属结构安装工程

■ 知识脉络

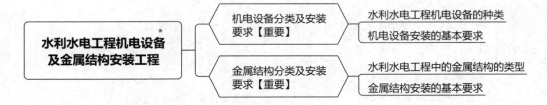

考点 1　机电设备分类及安装要求【重要】

1. 【多选】反击式水轮机按转轮区内水流相对于主轴流动方向的不同可分为（　　　）等类型。

    A. 双击式　　　　　　　　　　　　　　B. 混流式

    C. 轴流式　　　　　　　　　　　　　　D. 斜击式

    E. 贯流式

2. 【单选】有底座机组安装，先将底座放于浇筑好的基础上，套上地脚螺栓和螺帽，调整位置。底座的纵横中心位置和浇筑基础时所定的纵横中心线误差不能超过（　　　）mm。

    A. ±5　　　　　　　　　　　　　　　　B. ±4

    C. ±3　　　　　　　　　　　　　　　　D. ±2

考点 2　金属结构分类及安装要求【重要】

1.【单选】根据启闭机结构形式分类，型号"QL—□×□—□"表示的是（　　）。

　　A. 螺杆式启闭机　　　　　　　　　　　　B. 液压式启闭机

　　C. 卷扬式启闭机　　　　　　　　　　　　D. 移动式启闭机

2.【单选】下列闸门中不属于按结构形式分类的是（　　）。

　　A. 潜孔闸门　　　　　　　　　　　　　　B. 平面闸门

　　C. 人字闸门　　　　　　　　　　　　　　D. 弧形闸门

3.【单选】根据《水利水电工程钢闸门制造安装及验收规范》（DL/T 5018—2004），下列关于闸门验收的说法，错误的是（　　）。

　　A. 闸门安装好后，应在无水情况下作全行程启闭试验

　　B. 闸门试验时，应在橡胶水封处浇水润滑

　　C. 有条件时，工作闸门应作动水启闭试验

　　D. 有条件时，事故闸门应作动水启闭试验

4.【单选】水利水电工程钢闸门安装好后，应在（　　）情况下作全行程启闭试验。

　　A. 无水　　　　　　　　　　　　　　　　B. 充水

　　C. 动水　　　　　　　　　　　　　　　　D. 平水

5.【单选】在预留二期混凝土块的安装方法中，当埋件的二期混凝土强度达到（　　）以后方可拆模，拆模后，应对埋件进行复测，并做好记录。

　　A. 50%　　　　　　　　　　　　　　　　B. 70%

　　C. 75%　　　　　　　　　　　　　　　　D. 1

2F313060　水利水电工程施工安全技术

知识脉络

```
                                    ┌─ 施工场区安全管理【重要】
水利水电工程施工安全技术 ──────────┤
                                    └─ 建筑安装工程施工安全技术【重要】
```

考点 1　施工场区安全管理【重要】

1.【单选】水利水电工程施工生产区内机动车辆行驶道路最小转弯半径不得小于（　　）m。

　　A. 12　　　　　　　　B. 13　　　　　　　　C. 14　　　　　　　　D. 15

2.【单选】根据施工生产防火安全的需要，合理布置消防通道和各种防火标志，消防通道应保持通畅，宽度不得小于（　　）m。

　　A. 3　　　　　　　　　　　　　　　　　　B. 3.5

　　C. 4.0　　　　　　　　　　　　　　　　　D. 4.5

3. 【单选】仓库区距所建的建筑物和其他区域不得小于（　　）m。

　　A. 15 　　　　　　　　　　　　　　B. 20

　　C. 25 　　　　　　　　　　　　　　D. 30

考点 2　建筑安装工程施工安全技术【重要】

1. 【单选】根据水利水电工程施工安全用电要求，在特别潮湿场所的照明电源的最大电压为（　　）V。

　　A. 12 　　　　　　　　　　　　　　B. 24

　　C. 36 　　　　　　　　　　　　　　D. 38

2. 【单选】下列关于特殊场所照明器具安全电压的规定正确的是（　　）。

　　A. 地下工程，有高温、导电灰尘，且灯具离地面高度低于2.5m等场所的照明，电源电压应不大于48V

　　B. 在潮湿和易触及带电体场所的照明电源电压不得大于12V

　　C. 地下工程，有高温、导电灰尘，且灯具离地面高度低于2.5m等场所的照明，电源电压应不大于36V

　　D. 在潮湿和易触及带电体场所的照明电源电压不得大于36V

3. 【单选】施工现场的机动车道与外电架空线路（电压8kV）交叉时，架空线路的最低点与路面的垂直距离应不小于（　　）m。

　　A. 6 　　　　　　　　　　　　　　B. 7

　　C. 8 　　　　　　　　　　　　　　D. 9

4. 【单选】在建工程（含脚手架）的外侧边缘与外电架空线路（电压100kV）的边线之间应保持的安全操作距离是（　　）m。

　　A. 4 　　　　　　　　　　　　　　B. 6

　　C. 8 　　　　　　　　　　　　　　D. 10

5. 【多选】高处作业的安全网距离工作面的高度符合要求的有（　　）m。

　　A. 2 　　　　　　　　　　　　　　B. 3

　　C. 4 　　　　　　　　　　　　　　D. 5

　　E. 6

6. 【单选】坠落高度在10m处的作业属于（　　）高处作业。

　　A. 特级 　　　　　　　　　　　　　B. 一级

　　C. 二级 　　　　　　　　　　　　　D. 三级

7. 【多选】关于高处作业的说法，错误的有（　　）。

　　A. 在坠落高度基准面2m处有可能坠落的高处进行的作业属于高处作业

　　B. 高处作业分为一级高处作业、二级高处作业、三级高处作业、四级高处作业

　　C. 强风高处作业、高原高处作业、带电高处作业均属于特殊高处作业

　　D. 进行三级高处作业时，应事先制定专项安全技术措施

　　E. 遇有六级及以上的大风，禁止从事高处作业

8. 【多选】下列关于安全工具检验周期的说法正确的有（　　）。

　　A. 新安全带使用一年后抽样试验

B. 塑料安全帽应半年检验一次

C. 旧安全带每隔 6 个月抽查试验一次

D. 安全带在每次使用前均应检查

E. 安全网应每年检查一次，且在每次使用前进行外表检查

9. 【单选】脚手架剪刀撑的斜杆与水平面的交角宜在（　　）之间。

A. 30°～60°　　　　　　　　　　　　B. 25°～30°

C. 30°～45°　　　　　　　　　　　　D. 45°～60°

10. 【单选】脚手架立杆的间距最大为（　　）m。

A. 1　　　　　　　　　　　　　　　B. 2

C. 3　　　　　　　　　　　　　　　D. 4

11. 【单选】在工区内用汽车运输爆破器材，在视线良好的情况下行驶时，时速不得超过（　　）km/h。

A. 5　　　　　　　　　　　　　　　B. 10

C. 15　　　　　　　　　　　　　　D. 20

12. 【单选】根据明挖爆破音响信号的相关规定，准备信号应在预告信号（　　）min 后发出。

A. 5　　　　　　　　　　　　　　　B. 10

C. 15　　　　　　　　　　　　　　D. 20

13. 【多选】下列关于导爆索、导爆管起爆的说法正确的有（　　）。

A. 导爆索可以用剪刀剪断

B. 连续导爆索中间不应出现断裂破皮现象

C. 一个 8 号雷管起爆导爆管的数量不宜超过 40 根

D. 导爆管禁止在药包上缠绕

E. 网路连接正确后，即可接入引爆装置

学习计划：

扫码即听
本章导学

2F320010　水利工程建设程序

■ 知识脉络

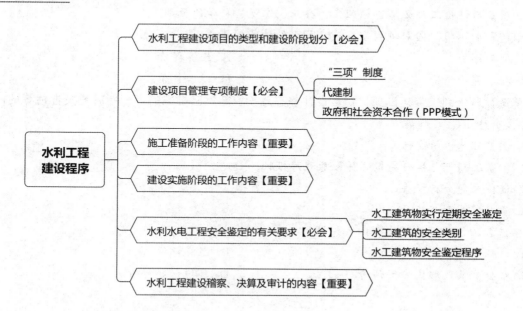

水利工程建设程序
- 水利工程建设项目的类型和建设阶段划分【必会】
- 建设项目管理专项制度【必会】
  - "三项"制度
  - 代建制
  - 政府和社会资本合作（PPP模式）
- 施工准备阶段的工作内容【重要】
- 建设实施阶段的工作内容【重要】
- 水利水电工程安全鉴定的有关要求【必会】
  - 水工建筑物实行定期安全鉴定
  - 水工建筑的安全类别
  - 水工建筑物安全鉴定程序
- 水利工程建设稽察、决算及审计的内容【重要】

考点 1　水利工程建设项目的类型和建设阶段划分【必会】

1. 【单选】以下阶段，属于立项过程的是（　　）。

A. 规划阶段　　　　　　　　　　　　B. 项目建议书阶段

C. 初步设计阶段　　　　　　　　　　D. 施工准备阶段

2. 【单选】根据《水利工程建设项目管理规定》（水建〔1995〕128号），下列阶段中不属于水利工程建设程序的是（　　）。

A. 招标设计　　　　　　　　　　　　B. 项目建议书

C. 可行性研究　　　　　　　　　　　D. 预可行性研究

3. 【单选】水利工程建设项目按其功能和作用分为（　　）。

A. 公益性、准公益性和经营性　　　　B. 公益性、投资性和经营性

C. 公益性、经营性和准经营性　　　　D. 公益性、准公益性和投资性

4. 【多选】项目建议书应根据国民经济和（　　），按照国家产业政策和国家有关投资建设方针进行编制。

A. 社会发展规划　　　　　　　　　　B. 流域综合规划

C. 区域综合规划　　　　　　　　　　D. 全国战略规划

E. 专业规划

5. 【单选】关于水利工程建设程序中各阶段的要求，下列说法错误的是（　　）。

A. 施工准备阶段（包括招标设计）是指建设项目的主体工程开工前，必须完成的各项准备工作

B. 建设实施阶段是指单项工程的建设实施，项目法人按照批准的建设文件，组织工程建设，保证项目建设目标的实现

C. 生产准备（运行准备）指为工程建设项目投入运行前所进行的准备工作

D. 项目后评价工作必须遵循独立、公正、客观、科学的原则

6. 【单选】后评价阶段对项目实施成功程度的评价属于（　　）。

A. 过程评价 　　　　　　　　　　　　　B. 经济评价

C. 社会影响评价 　　　　　　　　　　　D. 综合评价

7. 【单选】若水利工程建设项目初步设计静态总投资超过已批准的可行性研究报告估算的静态总投资达15%，则需（　　）。

A. 调整可行性研究估算

B. 重新编制可行性研究报告并按原程序报批

C. 提出专题分析报告

D. 重新编制初步设计

8. 【多选】项目后评价的主要内容包括（　　）。

A. 过程评价 　　　　　　　　　　　　　B. 经济评价

C. 社会影响及移民安置评价 　　　　　　D. 环境保护评价

E. 综合评价

考点 2　建设项目管理专项制度【必会】

1. 【多选】水利工程建设项目管理"三项"制度包括（　　）。

A. 项目法人责任制 　　　　　　　　　　B. 政府监督制

C. 招标投标制 　　　　　　　　　　　　D. 建设监理制

E. 质量终身负责制

2. 【单选】下列必须进行建设监理的项目不包括（　　）。

A. 总投资300万的学校操场

B. 总投资150万的公共事业工程

C. 总投资2亿的某小区住宅工程

D. 总投资1000万的医院门诊楼

3. 【多选】水利工程建设项目实施招标投标制是指通过招标投标的方式，选择工程建设的（　　）。

A. 施工单位 　　　　　　　　　　　　　B. 代建单位

C. 勘察设计单位 　　　　　　　　　　　D. 监理单位

E. 材料设备供应单位

4. 【多选】水利工程建设监理包括（　　）。

A. 水利工程施工监理

B. 水土保持工程施工监理

C. 机电及金属结构设备制造监理

D. 水利工程建设环境保护监理

E. 水利工程安全监理

5.【单选】根据《水利工程建设监理单位资质管理办法》(水利部令第 29 号),水利工程建设监理单位资质分为下列 4 个专业,其中监理资质暂不分级的是(　　)专业。

A. 水利工程施工

B. 水利工程建设环境保护

C. 水土保持工程施工

D. 机电及金属结构设备制造

6.【单选】依据财政部《基本建设项目建设成本管理规定》,代建单位同时满足 3 个条件,可以支付代建单位利润或奖励资金,一般不超过代建管理费的(　　)。

A. 5%

B. 10%

C. 15%

D. 20%

7.【多选】根据代建制管理规定,代建费与代建单位的(　　)挂钩,计入项目成本,在概算中列支。

A. 代建内容

B. 代建费用支出

C. 代建项目情况

D. 代建绩效

E. 代建项目决算

8.【单选】根据《关于水利水电工程建设项目代建制管理的指导意见》(水建管〔2015〕91 号),代建单位对水利工程建设项目(　　)的建设实施过程进行管理。

A. 初步设计至后评价

B. 施工准备至竣工验收

C. 初步设计至竣工验收

D. 施工准备至后评价

9.【多选】水利 PPP 项目实施程序主要包括(　　)等。

A. 项目储备

B. 项目论证

C. 社会资本方选择

D. 项目执行

E. 项目后评价

10.【单选】水利 PPP 项目合同期满前(　　)个月为项目公司向政府移交项目的过渡期。

A. 3

B. 6

C. 9

D. 12

11.【多选】水利 PPP 项目移交完成后,政府有关主管部门可组织对项目开展后评价,对项目全生命周期的(　　)等进行评价。

A. 效率

B. 效果

C. 影响

D. 功能

E. 可持续性

考点 3　施工准备阶段的工作内容【重要】

1.【单选】根据水利部《关于调整水利工程建设项目施工准备开工条件的通知》(水建管〔2017〕177 号),下列不属于施工准备条件的是(　　)。

A. 可行性研究报告已批准

B. 环境影响评价文件已批准

C. 办理施工报建

D. 年度水利投资计划已下达

2.【多选】水利工程施工准备阶段的主要工作有(　　)。

A. 开展征地、拆迁

B. 组织相关监理招标

C. 实施经批准的应急工程

D. 原设计审批部门审批

E. 实施必需的生活临时建筑工程

考点 4 　建设实施阶段的工作内容【重要】

1. 【单选】根据《水利工程建设程序管理暂行规定》（水建〔1998〕16 号），水利工程质量由（　　）负全面责任。
   A. 工程审批单位 　　　　　　　　　　B. 主管部门
   C. 土建施工单位 　　　　　　　　　　D. 项目法人

2. 【单选】设计单位在施工图设计过程中，如涉及重大设计变更问题，应当由（　　）审定。
   A. 项目法人 　　　　　　　　　　　　B. 主管部门
   C. 主管机关 　　　　　　　　　　　　D. 原初步设计批准部门

3. 【单选】重大设计变更文件编制的设计深度应满足（　　）阶段技术标准的要求。
   A. 项目建议书 　　　　　　　　　　　B. 可行性研究
   C. 初步设计 　　　　　　　　　　　　D. 招标设计

4. 【多选】根据《水利工程设计变更管理暂行办法》（水规计〔2012〕93 号），下列施工组织设计变更中，不属于重大设计变更的是（　　）的变化。
   A. 主要料场场地 　　　　　　　　　　B. 水闸结构设计
   C. 导流建筑物方案 　　　　　　　　　D. 主要建筑物工程总进度
   E. 地下洞室支护形式

5. 【单选】水利工程一般设计变更经审查确认后，应报（　　）核备。
   A. 项目法人 　　　　　　　　　　　　B. 监理单位
   C. 项目主管部门 　　　　　　　　　　D. 原设计审批部门

6. 【多选】根据《水利工程设计变更管理暂行办法》，水利工程设计变更分为（　　）。
   A. 一般设计变更 　　　　　　　　　　B. 普通设计变更
   C. 较大设计变更 　　　　　　　　　　D. 重大设计变更
   E. 特别重大设计变更

7. 【单选】水利水电工程施工详图，施工单位施工前还应由（　　）审核。
   A. 建设单位 　　　　　　　　　　　　B. 设计单位
   C. 监理单位 　　　　　　　　　　　　D. 咨询单位

8. 【多选】根据《水利工程设计变更管理暂行办法》，下列设计变更中属于一般设计变更的有（　　）。
   A. 河道治理范围变化 　　　　　　　　B. 除险加固工程主要技术方案变化
   C. 小型泵站装机容量变化 　　　　　　D. 堤防线路局部变化
   E. 金属结构附属设备变化

考点 5 　水利水电工程安全鉴定的有关要求【必会】

1. 【单选】根据水利部《水库大坝安全鉴定办法》（水建管〔2003〕271 号），水库大坝首次安全鉴定应在竣工验收后（　　）年内进行。
   A. 1 　　　　　　　　　　　　　　　　B. 3
   C. 5 　　　　　　　　　　　　　　　　D. 10

2. 【单选】水闸首次安全鉴定应在竣工验收后 5 年内进行，以后每隔（　　）年进行一次全面安全鉴定。

A. 3

B. 5

C. 6～10

D. 10

3. 【单选】根据大坝安全状况，实际抗御洪水标准不低于部颁水利枢纽工程除险加固近期非常运用洪水标准，但达不到《防洪标准》（GB 50201—94）规定的坝属于（　　）。

A. 一类坝

B. 二类坝

C. 三类坝

D. 四类坝

4. 【单选】根据《水闸安全鉴定管理办法》，运用指标基本达到设计标准，工程存在一定损坏，经大修后，可达到正常运行的水闸属于（　　）。

A. 一类闸

B. 二类闸

C. 三类闸

D. 四类闸

5. 【单选】水工建筑安全鉴定的基本程序不包括（　　）。

A. 安全评价

B. 安全评价成果审查

C. 安全鉴定报告书编写

D. 安全鉴定报告书审定

6. 【多选】下列属于蓄水安全鉴定的范围的有（　　）。

A. 挡水建筑物

B. 泄水建筑物

C. 引水建筑物进水口工程

D. 涉及蓄水安全的库岸和边坡

E. 输水建筑物

7. 【多选】下列可作为蓄水安全鉴定依据的有（　　）。

A. 批准的初步设计报告

B. 设计变更及修改文件

C. 监理签发的技术文件

D. 合同规定的质量标准

E. 监理日志

考点 6　水利工程建设稽察、决算及审计的内容【重要】

1. 【多选】根据《水利基本建设项目稽察暂行办法》（水利部令第 11 号），建设项目的稽察内容包括（　　）等。

A. 项目前期工作

B. 项目设计工作

C. 项目工程质量

D. 项目资金使用

E. 项目运行管理

2. 【多选】水利稽察工作的原则有（　　）。

A. 依法监督

B. 严格规范

C. 科学

D. 客观公正

E. 廉洁高效

3. 【单选】根据《水利基本建设项目竣工财务决算编制规程》（SL 19—2014），大型项目进行竣工决算时，未完工程投资和预留费用的比例不得超过总概算的（　　）。

A. 3%

B. 5%

C. 10%

D. 15%

4. 【多选】竣工决算审计在项目正式竣工验收之前必须进行。水利审计部门对其竣工决算进行的审计监督和评价包括其（　　）。

A. 效益性　　　　　　　　　　　　B. 完整性

C. 合法性　　　　　　　　　　　　D. 正确性

E. 真实性

5.【多选】竣工决算审计的程序应包括审计准备阶段、审计实施阶段、审计报告阶段、审计终结阶段四个阶段，其中审计终结阶段包括（　　）环节。

A. 审计报告　　　　　　　　　　　B. 审计报告处理

C. 下达审计结论　　　　　　　　　D. 整改落实

E. 后续审计

2F320020　水利水电工程施工组织设计

■ 知识脉络

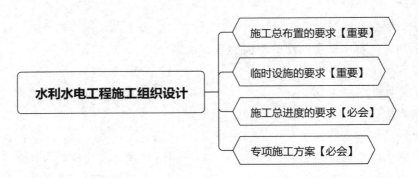

考点 1　施工总布置的要求【重要】

1.【单选】下列关于施工总布置的说法错误的是（　　）。

A. 对于大规模水利水电工程，应在主体工程施工前征用所有永久和临时占地，以方便统筹考虑临时设施的布置

B. 临时设施最好不占用拟建永久性建筑物和设施的位置，以避免拆迁这些设施所引起的损失和浪费

C. 为了降低临时工程的费用，应尽最大可能利用现有的建筑物以及可供施工使用的设施

D. 储存燃料及易燃物品的仓库距拟建工程及其他临时性建筑物不得小于50m

2.【单选】施工总平面布置图的设计中应遵循劳动保护和安全生产等要求，储存燃料及易燃物品的仓库距拟建工程及其他临时性建筑物距离不得小于（　　）m。

A. 25　　　　　　　　　　　　　　B. 35

C. 45　　　　　　　　　　　　　　D. 50

3.【单选】施工设备仓库建筑面积计算公式 $W = na/K_2$ 中的 n 表示（　　）。

A. 施工设备仓库面积　　　　　　　B. 储存施工设备台数

C. 每台设备占地面积　　　　　　　D. 面积利用系数

考点　2　临时设施的要求【重要】

1. 【单选】水利水电工程施工临时设施主要包括施工交通运输和（　　）两部分。

　　A. 施工工厂设施

　　B. 综合加工系统

　　C. 混凝土生产系统

　　D. 砂石料加工系统

2. 【单选】下列提高混凝土拌合料温度的措施中，错误的是（　　）。

　　A. 热水拌合

　　B. 预热细集料

　　C. 预热粗集料

　　D. 预热水泥

3. 【单选】下列施工用电中属于三类负荷的是（　　）。

　　A. 供水系统

　　B. 供风系统

　　C. 混凝土预制构件厂

　　D. 木材加工厂

4. 【单选】水利水电工程施工中，混凝土预制构件厂的用电负荷属于（　　）。

　　A. 一类负荷

　　B. 二类负荷

　　C. 三类负荷

　　D. 四类负荷

考点　3　施工总进度的要求【必会】

1. 【单选】编制施工总进度时，工程施工总工期不包括（　　）。

　　A. 工程筹建期

　　B. 工程准备期

　　C. 主体工程施工期

　　D. 工程完建期

2. 【单选】下列关于水利水电工程进度曲线的绘制说法正确的是（　　）。

　　A. 以时间为横轴，以完成累计工作量为纵轴

　　B. 以时间为横轴，以单位时间内完成工作量为纵轴

　　C. 以完成累计工作量为横轴，以时间为纵轴

　　D. 以单位时间内完成工作量为横轴，以时间为纵轴

3. 【单选】下列关于施工进度计划横道图的说法错误的是（　　）。

　　A. 能表示出各项工作的划分、工作的开始时间和完成时间及工作之间的相互搭接关系

　　B. 能反映工程费用与工期之间的关系，因而便于缩短工期和降低成本

　　C. 不能明确反映出各项工作之间错综复杂的相互关系，不利于建设工程进度的动态控制

　　D. 不能明确地反映出影响工期的关键工作和关键线路，不便于进度控制人员抓住主要矛盾

考点　4　专项施工方案【必会】

1. 【多选】下列不可以作为专项施工方案的审查论证会的专家组成人员的有（　　）。

　　A. 施工单位技术负责人

　　B. 项目法人单位负责人

　　C. 设计单位项目负责人

　　D. 运行管理单位人员

　　E. 质量监督机构人员

2. 【多选】地下暗挖工程需要编制专项施工方案，并组织专家进行论证，施工单位应根据审查论证报告修改完善专项施工方案，经（　　）审核签字后，方可组织实施。

　　A. 施工单位技术负责人

　　B. 施工单位项目经理

　　C. 总监理工程师

　　D. 项目法人单位负责人

　　E. 施工单位安全负责人

3.【单选】下列工程中，需要进行专家论证的项目有（   ）。

　　A. 开挖深度为 4m，地质条件复杂的基坑

　　B. 搭设高度为 8m 的脚手架

　　C. 采用常规起重，且最大单件吊装重量为 150kN

　　D. 大型模板工程

2F320030　水利水电工程造价与成本管理

知识脉络

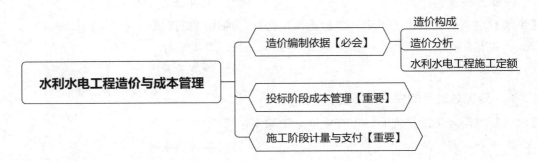

考点 1　造价编制依据【必会】

1.【单选】下列属于基本直接费的是（   ）。

　　A. 人工费　　　　　　　　　　　　　　B. 冬雨期施工增加费

　　C. 现场管理费　　　　　　　　　　　　D. 临时设施费

2.【单选】工具用具使用费属于（   ）。

　　A. 规费　　　　　　　　　　　　　　　B. 价差预备费

　　C. 基本预备费　　　　　　　　　　　　D. 企业管理费

3.【单选】根据《水利工程设计概（估）算编制规定（工程部分）》（水总〔2014〕429 号文），水利工程费用中，间接费包括（   ）。

　　A. 施工机械使用费　　　　　　　　　　B. 临时设施费

　　C. 安全生产措施费　　　　　　　　　　D. 企业管理费

4.【单选】根据《水利部办公厅关于印发"水利工程营业税改征增值税计价依据调整办法"的通知》（办水总〔2016〕132 号），结合《水利部办公厅关于调整水利工程计价依据增值税计算标准的通知》（办财务函〔2019〕448 号），采用《水利工程施工机械台时费定额》计算施工机械使用费时，修理及替换设备费应除以（   ）的调整系数。

　　A. 1.09　　　　　　　　　　　　　　　B. 1.1

　　C. 1.13　　　　　　　　　　　　　　　D. 1.15

5.【单选】根据水利部办公厅关于印发《水利工程营业税改征增值税计价依据调整办法》（办水总〔2016〕132 号）的通知结合《水利部办公厅关于调整水利工程计价依据增值税计算标准的通知》（办财务函〔2019〕448 号），投标报价文件采用含税价格编制时，材料价格

可以采取含税价格除以调整系数的方式调整为不含税价格，水泥的调整系数为（　　）。

A. 1.13

B. 1.03

C. 1.02

D. 1.01

6.【单选】材料预算价格一般包括材料原价、运杂费、（　　）、采购及保管费四项。

A. 装卸费

B. 成品保护费

C. 二次搬运费

D. 运输保险费

7.【单选】用于编制施工图预算时计算工程造价和计算工程中劳动力、材料、机械台时需要的定额为（　　）。

A. 概算定额

B. 预算定额

C. 施工定额

D. 投资估算指标

8.【单选】汽车运输定额，适用于水利工程施工路况 10km 以内的场内运输。运距超过 10km，超过部分按增运 1km 的台时数乘（　　）系数计算。

A. 0.65

B. 0.75

C. 0.85

D. 0.95

9.【单选】零星材料费以费率形式表示，其计算基数为（　　）。

A. 主要材料费之和

B. 人工费、机械费之和

C. 直接工程费

D. 间接费

10.【单选】主要用于初步设计阶段预测工程造价的定额为（　　）。

A. 概算定额

B. 预算定额

C. 施工定额

D. 投资估算指标

考点 2 　投标阶段成本管理【重要】

1.【单选】分类分项工程量清单项目编码 500101002001 中的三位数字"002"代表的含义是（　　）。

A. 水利工程顺序码

B. 水利建筑工程顺序码

C. 土方开挖工程顺序码

D. 一般土方开挖顺序码

2.【单选】为完成工程项目施工，发生于该工程施工过程中招标人要求计列的费用项目为（　　）。

A. 措施项目

B. 零星工作项目

C. 分类分项工程项目

D. 其他项目

3.【单选】暂列金额一般可为分类分项工程项目和措施项目合价的（　　）。

A. 3%

B. 5%

C. 10%

D. 15%

4.【多选】水利安装工程工程量清单一般分为 3 类，不包括（　　）。

A. 机电设备安装工程

B. 金属结构设备安装工程

C. 钢构件加工及安装工程

D. 安全监测设备采购及安装工程

E. 预制混凝土工程

5. 【多选】下列情形中，可以将投标报价高报的有（　　）。

A. 施工条件差的工程

B. 专业要求高且公司有专长的技术密集型工程

C. 合同估算价低自己不愿做、又不方便不投标的工程

D. 风险较大的特殊工程

E. 投标竞争对手多的工程

6. 【多选】可以投标报低价的情况有（　　）。

A. 施工条件差的工程

B. 风险较大的特殊的工程

C. 施工条件好、工作简单、工程量大的工程

D. 在某地区面临工程结束，机械设备等无工地转移时

E. 工期要求急的工程

7. 【多选】某水利工程施工招标文件依据《水利水电工程标准施工招标文件》（2009 年版）编制。投标前，投标人召开了投标策略讨论会，拟采取不平衡报价。下列观点符合不平衡报价适用条件的有（　　）。

A. 基础工程结算时间早，其单价可以高报

B. 支付条件苛刻，投标报价可高报

C. 边坡开挖工程量预计会增加，其单价适当高报

D. 启闭机房和桥头堡装饰装修工程图纸不明确，估计修改后工程量要减少，可低报

E. 机电安装工程工期宽松，相应投标报价可低报

考点 3　施工阶段计量与支付【重要】

1. 【多选】根据《水利工程工程量清单计价规范》（GB 50501—2007），下列费用中，包含在土方明挖工程单价中，不需另行支付的有（　　）。

A. 植被清理费　　　　　　　　　　　B. 场地平整费

C. 施工超挖费　　　　　　　　　　　D. 测量放样费

E. 塌方清理费

2. 【多选】土方明挖单价包括（　　）。

A. 场地清理　　　　　　　　　　　　B. 测量放样

C. 场地平整　　　　　　　　　　　　D. 土方开挖、装卸和运输

E. 边坡整治和稳定观测

3. 【多选】下列关于砌体工程计量与支付的说法正确的有（　　）。

A. 砌筑工程的砂浆应另行支付

B. 砌筑工程的拉结筋不另行支付

C. 砌筑工程的垫层不另行支付

D. 砌筑工程的伸缩缝、沉降缝应另行支付

E. 砌体建筑物的基础清理和施工排水等工作所需的费用不另行支付

4. 【多选】下列关于混凝土工程计量与支付的说法正确的有（　　　）。

A. 现浇混凝土的模板费用，应另行计量和支付

B. 混凝土预制构件模板所需费用不另行支付

C. 施工架立筋、搭接、套筒连接、加工及安装过程中操作损耗等所需费用不另行支付

D. 不可预见地质原因超挖引起的超填工程量所发生的费用应按单价另行支付

E. 混凝土在冲（凿）毛、拌合、运输和浇筑过程中的操作损耗不另行支付

2F320040　水利水电工程施工招标投标管理

■ 知识脉络

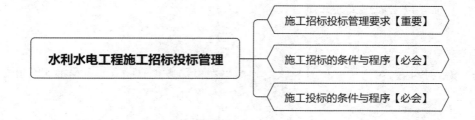

考点 1　施工招标投标管理要求【重要】

1. 【单选】水利工程建设项目招标分为（　　　）。

A. 公开招标、邀请招标和议标

B. 公开招标和议标

C. 邀请招标和议标

D. 公开招标和邀请招标

2. 【多选】依法必须招标的项目中，下列情形经行政监督部门批准，可以不招标的有（　　　）。

A. 需要采用不可替代的专利或者专有技术

B. 受自然环境限制，只有少量潜在投标人可供选择

C. 全部使用国有资金投资的水利项目

D. 采用公开招标方式的费用占项目合同金额的比例过大

E. 涉及国家安全、国家秘密、抢险救灾的项目

3. 【单选】水利水电工程施工各专业承包资质等级分为（　　　）级。

A. 3　　　　　　　　　　　　　　　B. 4

C. 5　　　　　　　　　　　　　　　D. 6

4. 【多选】下列有关资质标准中建造师数量要求的说法不正确的有（　　　）。

A. 水利水电工程施工总承包资质标准特级企业注册一级建造师 50 人以上

B. 水工金属结构制作与安装工程资质标准中三级企业水利水电工程、机电工程专业注册建造师合计不少于 5 人

C. 水利水电机电安装工程资质标准中三级企业水利水电工程、机电工程专业注册建造师合计不少于5人，其中水利水电工程专业注册建造师不少于2人

D. 河湖整治工程资质标准中三级企业水利水电工程专业注册建造师不少于5人

E. 水利水电工程施工总承包资质标准中二级企业水利水电工程专业注册建造师不少于10人

考点 2　施工招标的条件与程序【必会】

1. 【单选】根据《工程建设项目施工招标投标办法》（国家八部委局第30号令），自招标文件或者资格预审文件出售之日起至停止出售之日止，最短不得少于（　　）。

    A. 5日   B. 5个工作日

    C. 7日   D. 7个工作日

2. 【单选】根据《水利工程建设项目招标投标管理规定》（水利部令第14号），招标人对已发出的招标文件进行必要澄清或者修改的，应当在招标文件要求提交投标文件截止日期至少（　　）日前，以书面形式通知所有投标人。

    A. 7   B. 10

    C. 15   D. 14

3. 【单选】潜在投标人对招标文件有异议的，应当在投标截止时间（　　）日前提出。

    A. 7   B. 10

    C. 14   D. 15

4. 【单选】某次水利工程施工招标中，只有甲、乙两家投标单位递交了投标文件，根据水利工程招标投标有关规定，招标人应当（　　）。

    A. 直接委托给投标人甲或乙

    B. 组织议标，然后在甲、乙中确定中标人

    C. 组织评标，然后在甲、乙中确定中标人

    D. 依法重新招标

5. 【单选】根据《工程建设项目施工招标投标办法》（国家八部委局第30号令），工程建设项目施工评标委员会推荐的中标候选人应当限定在（　　）人。

    A. 1~3   B. 2~4

    C. 3   D. 3~5

6. 【多选】投标人维护权益的司法救济手段有（　　）。

    A. 澄清或修改   B. 异议

    C. 投诉   D. 仲裁

    E. 诉讼

考点 3　施工投标的条件与程序【必会】

1. 【多选】投标人业绩的类似性包括（　　）等方面。

    A. 功能   B. 结构

    C. 构造   D. 规模

    E. 造价

2. 【单选】根据《水利建设工程文明工地创建管理暂行办法》（中水协〔2009〕39号），水利建设市场主体信用等级中，AA级表示信用（　　）。

A. 好
B. 一般
C. 很好
D. 较好

3. 【单选】信用等级与该企业在水行政主管部门登录的良好行为记录信息以及不良行为记录信息有关。良好行为记录信息发布期限为3年，不良行为记录信息发布期限为（　　）。

A. 不少于6个月
B. 不少于12个月
C. 不多于6个月
D. 不多于12个月

4. 【多选】根据《建筑业企业资质标准》（建市〔2014〕159号），水利水电工程施工专业承包企业资质包括（　　）。

A. 水工大坝工程
B. 堤防工程
C. 水工金属结构制作与安装工程
D. 河湖整治工程
E. 水利水电机电安装工程

5. 【单选】投标人在递交投标文件的同时，应当递交投标保证金。根据《水利工程建设项目招标投标管理规定》（水利部令第14号），招标人与中标人签订合同后至多（　　）个工作日内，应当退还投标保证金。

A. 5
B. 7
C. 10
D. 14

6. 【单选】招标人应当自收到评标报告之日起3日内公示中标候选人，公示期不得少于（　　）。

A. 10日
B. 5日
C. 5个工作日
D. 3日

7. 【单选】下列不属于形式评审标准的是（　　）。

A. 投标文件的签字盖章符合招标文件规定
B. 投标文件的正本、副本数量符合招标文件规定
C. 投标人名称与合同文件一致
D. 只能有一个投标报价

8. 【单选】在详细评审阶段，施工组织设计一般占（　　）。

A. 40%～60%
B. 15%～20%
C. 20%～30%
D. 10%

2F320050 水利水电工程施工合同管理

■ 知识脉络

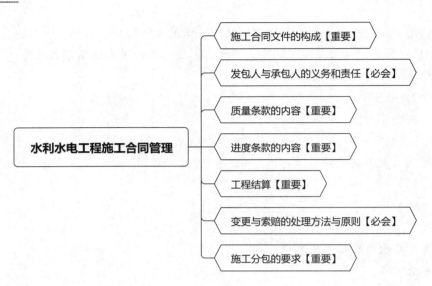

施工合同文件的构成【重要】

发包人与承包人的义务和责任【必会】

质量条款的内容【重要】

水利水电工程施工合同管理 —— 进度条款的内容【重要】

工程结算【重要】

变更与索赔的处理方法与原则【必会】

施工分包的要求【重要】

考点 1 施工合同文件的构成【重要】

1.【单选】根据《水利水电工程标准施工招标文件》（2009 年版），下列文件可以进行修改的是（   ）。

A. 招标人须知　　　　　　　　　　　　B. 评标办法

C. 通用合同条款　　　　　　　　　　　D. 招标公告

2.【单选】投标人须知包括投标人须知前附表、正文和（   ）个附件格式。

A. 五　　　　　　　　　　　　　　　　B. 六

C. 七　　　　　　　　　　　　　　　　D. 八

3.【单选】根据《水利水电工程标准施工招标文件》（2009 年版），下列不属于合同文件组成部分的是（   ）。

A. 协议书　　　　　　　　　　　　　　B. 图纸

C. 已标价工程量清单　　　　　　　　　D. 投标人要求澄清招标文件的函

4.【单选】根据《水利水电工程标准施工招标文件》（2009 年版），合同中有如下内容：①中标通知书；②专用合同条款；③通用合同条款；④技术标准和要求；⑤图纸；⑥已标价的工程量清单；⑦协议书。如前后不一时，其解释顺序正确的是（   ）。

A. ⑦①②③⑥④⑤　　　　　　　　　　B. ⑦①③②⑥④⑤

C. ⑦①②③④⑤⑥　　　　　　　　　　D. ⑦①③②④⑤⑥

考点 2 发包人与承包人的义务和责任【必会】

1.【多选】下列属于发包人的义务的有（   ）。

A. 发出开工通知　　　　　　　　　　　B. 提供施工场地

C. 保证工程施工和人员的安全　　　　　D. 组织设计交底

E. 编制施工总进度

2. 【单选】发包人应在合同双方签订合同协议书后的（　　）天内，将本合同工程的施工场地范围图提交给承包人。

A. 3

B. 5

C. 7

D. 14

3. 【多选】下列有关发包人提供材料和工程设备的说法，正确的有（　　）。

A. 应在专用合同条款中写明材料和工程设备的名称、规格、数量、价格、交货方式、交货地点和计划交货日期等

B. 发包人应在材料和工程设备到货14天前通知承包人

C. 承包人应会同监理人在约定的时间内，赴交货地点共同进行验收

D. 运至交货地点验收后，由承包人负责接收、卸货、运输和保管

E. 发包人要求向承包人提前交货的，承包人可以拒绝

4. 【多选】下列属于承包人的义务的有（　　）。

A. 对施工作业和施工方法的完备性负责

B. 保证工程施工和人员的安全

C. 负责施工场地及其周边环境与生态的保护工作

D. 组织设计交底

E. 参与移民征地工作

考点 3　质量条款的内容【重要】

1. 【单选】承包人应按合同约定对材料、工程设备以及工程的所有部位及其施工工艺进行全过程的质量检查和检验，并做详细记录，编制工程质量报表，报送（　　）审查。

A. 承包人

B. 发包人

C. 设计单位

D. 监理人

2. 【单选】某一级堤防工程施工过程中，承包人未通知监理机构及有关方面人员到现场验收，即将隐蔽部位覆盖，事后监理机构指示承包人采用钻孔探测进行检验，发现检查结果合格，由此增加的费用应由（　　）承担。

A. 发包人

B. 监理人

C. 承包人

D. 分包商

3. 【单选】某工程基础未经验收施工单位就自行覆盖，监理单位要求钻孔探测，结果质量合格。基础钻孔探测增加的费用和工期延误责任由（　　）承担。

A. 发包人

B. 施工单位

C. 监理单位

D. 监理单位和施工单位共同

4. 【单选】工程质量保修期满后（　　）个工作日内，发包人应向承包人颁发工程质量保修责任终止证书，并退还剩余的质量保证金，但保修责任范围内的质量缺陷未处理完成的应除外。

A. 15

B. 30

C. 60

D. 90

5. 【单选】水利水电工程质量保修期通常为（　　）个月，河湖疏浚工程无工程质量保修期。

    A. 1　　　　　　　　　　　　　　　　　B. 3

    C. 6　　　　　　　　　　　　　　　　　D. 12

考点 4　进度条款的内容【重要】

1. 【单选】工程实际进度与合同进度计划不符时，承包人均应在（　　）天内向监理人提交修订合同进度计划的申请报告，并附有关措施和相关资料，报监理人审批。

    A. 7　　　　　　　　　　　　　　　　　B. 14

    C. 15　　　　　　　　　　　　　　　　D. 20

2. 【单选】监理人应在开工日期（　　）前向承包人发出开工通知。

    A. 24 小时　　　　　　　　　　　　　　B. 48 小时

    C. 7 天　　　　　　　　　　　　　　　D. 14 天

3. 【多选】在履行合同过程中，承包人有权要求发包人延长工期和（或）增加费用，并支付合理利润的情况有（　　）。

    A. 增加合同工作内容　　　　　　　　　B. 改变合同中任何一项工作的质量要求

    C. 暂停施工　　　　　　　　　　　　　D. 提供图纸延误

    E. 变更交货地点

考点 5　工程结算【重要】

1. 【单选】工程目标管理和控制进度支付的依据是（　　）。

    A. 计划完成工程　　　　　　　　　　　B. 设计工程量

    C. 监理人认可的工程量　　　　　　　　D. 实际完成的工程量

2. 【单选】一般工程预付款为签约合同价的（　　）。

    A. 3%　　　　　　　　　　　　　　　　B. 5%

    C. 10%　　　　　　　　　　　　　　　D. 20%

3. 【单选】发包人应在监理人收到进度付款申请单后的（　　）天内，将进度应付款支付给承包人。

    A. 7　　　　　　　　　　　　　　　　　B. 14

    C. 28　　　　　　　　　　　　　　　　D. 56

4. 【单选】根据《住房城乡建设部财政部关于印发建设工程质量保证金管理办法的通知》（建质〔2017〕138 号），保证金总预留比例不得高于（　　）的 3%。

    A. 总概算　　　　　　　　　　　　　　B. 工程价款结算总额

    C. 总估算　　　　　　　　　　　　　　D. 合同金额

5. 【单选】承包人应在合同工程完工证书颁发后（　　）天内，向监理人提交完工付款申请单，并提供相关证明材料。

    A. 7　　　　　　　　　　　　　　　　　B. 14

    C. 15　　　　　　　　　　　　　　　　D. 28

6. 【多选】完工付款申请单的内容包括（　　）。

    A. 完工结算合同总价　　　　　　　　　B. 发包人已支付承包人的工程价款

C. 应扣留的质量保证金
D. 未支付的完工付款金额

E. 应支付的完工付款金额

考点 6　变更与索赔的处理方法与原则【必会】

1.【单选】没有（　　）的指示，承包人不得擅自进行设计变更。

A. 发包人
B. 承包人

C. 监理人
D. 设计人

2.【单选】若承包人具备承担暂估价项目的能力且明确参与投标的，由（　　）组织招标。

A. 发包人
B. 承包人

C. 监理人
D. 发包人和承包人

3.【多选】某中型水闸工程施工招标文件按《水利水电工程标准施工招标文件》（2009 年版）编制。已标价本工程在实施过程中，涉及工程变更的双方往来函件属于承包人发出的文件有（　　）。

A. 变更意向书
B. 书面变更建议

C. 变更报价书
D. 撤销变更意向书

E. 变更实施方案

4.【多选】在履行合同过程中，下列应进行变更的情形有（　　）。

A. 取消合同中一项工作，改由发包人实施

B. 改变合同中任何一项工作的质量或其他特性

C. 改变合同工程的基线、标高、位置或尺寸

D. 改变合同中任何一项工作的施工时间或改变已批准的施工工艺或顺序

E. 改变合同工期

5.【单选】监理人应在收到承包人书面报告后的（　　）天内，将异议的处理意见通知承包人，并执行赔付。

A. 7
B. 14
C. 21
D. 28

6.【单选】承包人应在发出索赔意向通知书后（　　）天内，向监理人正式递交索赔通知书。

A. 7
B. 14

C. 21
D. 28

考点 7　施工分包的要求【重要】

1.【单选】分包单位进场需经（　　）批准。

A. 项目法人
B. 监理单位

C. 施工单位
D. 总承包

2.【单选】下列情况中，项目法人可直接指定分包人的是（　　）。

A. 由于重大设计变更导致施工方案重大变化，致使承包人不具备相应的施工能力

B. 由于承包人原因，导致施工工期拖延，承包人无力在合同规定的期限内完成合同任务

C. 项目有特殊技术要求、特殊工艺或涉及专利权保护的

D. 承包人无力在合同规定的期限内完成合同中的应急防汛、抢险等危及公共安全和工程安全的项目

3. 【单选】根据《水利工程施工转包违法分包等违法行为认定查出管理暂行办法》（水建管〔2016〕420号），"工程分包的发包单位不是该工程的承包单位"的情形属于（　　）。

    A. 转包   B. 违法分包

    C. 出借借用资质   D. 其他违法行为

4. 【单选】水利工程施工分包中，承包人将其承包工程中的劳务作业发包给其他企业或组织完成的活动称为（　　）。

    A. 工程分包   B. 劳务分包

    C. 企业分包   D. 组织分包

5. 【多选】水利工程项目施工管理机构中，必须是承包人本单位的人员有（　　）等。

    A. 财务负责人员   B. 进度管理人员

    C. 质量管理人员   D. 资料管理人员

    E. 安全管理人员

2F320060　水利水电工程质量管理

知识脉络

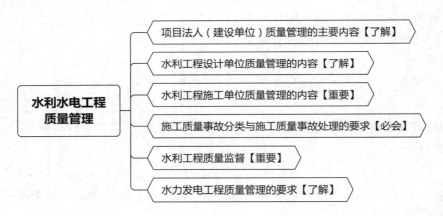

考点 1　项目法人（建设单位）质量管理的主要内容【了解】

1. 【单选】在工程开工前，（　　）应按规定向水利工程质量监督机构办理工程质量监督手续。

    A. 监理单位   B. 施工单位

    C. 项目法人   D. 勘察设计单位

2. 【单选】根据《水利工程质量管理规定》（水利部令第7号），组织设计和施工单位进行设计交底的主体是（　　）。

    A. 项目法人   B. 设计单位

    C. 施工单位   D. 质量监督机构

3. 【单选】《中华人民共和国合同法》规定，建设工程实行监理的，发包人应当与监理人采用（　　）订立委托监理合同。

    A. 书面形式或口头形式   B. 口头形式

C. 其他形式　　　　　　　　　　　　　D. 书面形式

4.【多选】《中华人民共和国合同法》规定，勘察、设计合同的内容包括（　　）等条款。

A. 质量要求　　　　　　　　　　　　　B. 材料和设备供应责任

C. 质量保修范围　　　　　　　　　　　D. 费用

E. 竣工验收

5.【单选】根据关于《贯彻质量发展纲要、提升水利工程质量的实施意见》（水建管〔2012〕581 号），到 2015 年，除大中型水利工程项目外，其他水利工程项目一次验收合格率要达到（　　）以上。

A. 90%　　　　　　　　　　　　　　　B. 95%

C. 98%　　　　　　　　　　　　　　　D. 100%

6.【单选】根据《水利部关于修订印发水利建设质量工作考核办法的通知》（水建管〔2018〕102 号），某水利厅建设质量工作年度考核得分为 90 分，考核排名为第 8 名，相应其考核等级为（　　）。

A. A 级　　　　　　　　　　　　　　　B. B 级

C. C 级　　　　　　　　　　　　　　　D. D 级

考点 2　水利工程设计单位质量管理的内容【了解】

1.【多选】根据《水利水电工程设计质量评定标准》（T/CWHIDA 0001—2017），下列内容中，属于施工组织设计部分的经济性要求的有（　　）。

A. 围堰结构形式应优先考虑利用当地材料

B. 导流方案应满足下游供水的要求

C. 导流建筑物规模选择恰当

D. 对外交通方案符合实际

E. 施工布置应满足爆破对安全距离的要求

2.【多选】根据《水利部关于修订印发水利建设质量工作考核办法的通知》（水建管〔2018〕102 号），涉及勘察设计质量保证的考核要点包括（　　）。

A. 现场服务体系建立情况

B. 质量控制体系建立情况

C. 质量保证体系建立情况

D. 现场设计服务情况

E. 施工现场管理情况

考点 3　水利工程施工单位质量管理的内容【重要】

1.【单选】根据《水利部关于修订印发水利建设质量工作考核办法的通知》（水建管〔2018〕102 号），施工单位质量控制考核内容不包括（　　）。

A. 质量保证体系建立情况

B. 现场服务体系建立情况

C. 施工现场管理情况

D. 已完工程实体质量情况

2.【单选】竣工工程质量必须符合国家和水利行业现行的工程标准及设计文件要求，施工单位应向项目法人（建设单位）提交完整的（　　　）。

 A. 试验成果、技术档案、内部资料

 B. 技术档案、内部资料、有关资料

 C. 成本分析资料、试验成果、有关资料

 D. 技术档案、试验成果、有关资料

3.【单选】水利工程施工中，实施"三检制"的主体是（　　　）。

 A. 项目法人（建设单位）   B. 施工单位

 C. 监理单位   D. 质量监督单位

4.【单选】总包单位对全部工程质量向（　　　）负责。

 A. 建设单位   B. 施工单位

 C. 监理单位   D. 设计单位

5.【单选】建筑业企业资质等级分为（　　　）。

 A. 总承包、专业承包和劳务承包

 B. 总承包、专业分包和劳务分包

 C. 总承包、专业承包和劳务分包

 D. 总承包、专业承包和专业分包

考点 4　施工质量事故分类与施工质量事故处理的要求【必会】

1.【单选】对工程造成较大经济损失或延误较短工期，经处理后不影响工程正常使用但对工程寿命有一定影响的事故是（　　　）。

 A. 重大质量事故   B. 一般质量事故

 C. 特大质量事故   D. 较大质量事故

2.【单选】小型闸墩混凝土浇筑施工时发生了质量事故，造成直接经济损失80万元，该质量事故属于（　　　）。

 A. 特大质量事故   B. 重大质量事故

 C. 较大质量事故   D. 一般质量事故

3.【多选】下列属于水利工程质量事故分类要考虑的因素有（　　　）。

 A. 工程的直接经济损失   B. 工程建设地点

 C. 对工期的影响   D. 对工程正常使用的影响

 E. 工程等别

4.【多选】水利工程质量事故分类中，经处理后，对工程使用寿命有影响的事故有（　　　）。

 A. 一般质量事故   B. 特大质量事故

 C. 正常质量事故   D. 重大质量事故

 E. 较大质量事故

5.【单选】发生质量事故后，（　　　）必须将事故的简要情况向项目主管部门报告。

 A. 勘察设计单位   B. 监理单位

 C. 施工单位   D. 项目法人

6.【多选】根据《水利工程质量事故处理暂行规定》（水利部令第9号），事故发生后，事故单位要严格保护现场，采取有效措施抢救人员和财产，防止事故扩大。因抢救人员、疏导交通等原因需移动现场物件时，应作出（　　），妥善保管现场重要痕迹、物证，并进行拍照或录像。

A. 标志
B. 绘制现场简图
C. 通知
D. 申请
E. 书面记录

7.【多选】根据《水利工程质量事故处理暂行规定》（水利部令第9号），事故报告的内容应包括（　　）等。

A. 工程名称、建设地点、工期
B. 事故发生的时间、地点、工程部位以及相应的参建单位名称
C. 事故发生原因初步分析
D. 事故发生后采取的措施及事故控制情况
E. 有关媒体对于本次事故的报道情况

8.【多选】需要省级水行政主管部门或流域机构审定后才能实施的水利工程质量事故有（　　）。

A. 重大质量事故
B. 较大质量事故
C. 一般质量事故
D. 特大质量事故
E. 质量缺陷

9.【单选】质量缺陷备案表由（　　）组织填写。

A. 项目法人
B. 监理单位
C. 质量监督单位
D. 项目主管部门

考点 5　水利工程质量监督【重要】

1.【单选】根据《水利工程质量监督管理规定》（水建〔1997〕339号），水利工程建设项目的质量监督期到（　　）截止。

A. 合同工程完工
B. 颁发合同工程完工证书
C. 工程竣工验收
D. 竣工验收委员会同意工程交付使用

2.【单选】从事水利工程（　　）的人员可以担任该项目的兼职质检监督员。

A. 监理
B. 设计
C. 施工
D. 运行管理

3.【多选】根据水利部《水利建设质量工作考核办法》（水建管〔2018〕102号），建设项目质量监督管理工作主要考核内容包括（　　）。

A. 质量监督计划
B. 参建单位质量行为检查
C. 参建单位实体质量检查
D. 工程质量核备
E. 历次检查、巡查、稽察所提出质量问题的整改

4.【多选】根据《水利工程质量检测管理规定》（水利部令第36号），水利工程质量检测单位资质包括（　　）等类别。

A. 岩土工程
B. 混凝土工程
C. 金属结构
D. 机械电气
E. 测量

考点 6　水力发电工程质量管理的要求【了解】

1.【单选】根据《水电建设工程质量管理暂行办法》（电水农〔1997〕220号），施工项目经理对其承担的工程建设的质量工作负（　　）。

　　A. 直接责任　　　　　　　　　　　　B. 领导责任

　　C. 技术责任　　　　　　　　　　　　D. 直接领导责任

2.【单选】设计单位推荐材料、设备时应遵循的原则是（　　）。

　　A. 定型不定厂　　　　　　　　　　　B. 定厂不定型

　　C. 定型定厂　　　　　　　　　　　　D. 不定型不定厂

3.【多选】施工单位的"三级检查制度"应包括（　　）。

　　A. 班组初检　　　　　　　　　　　　B. 项目经理复检

　　C. 作业队复检　　　　　　　　　　　D. 项目部终检

　　E. 作业队终检

2F320070　水利水电工程施工质量评定

■ 知识脉络

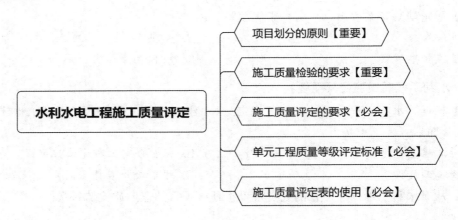

考点 1　项目划分的原则【重要】

1.【单选】根据分部工程项目划分原则，同一单位工程中，各个分部工程的工程量（或投资）不宜相差太大，每个单位工程中的分部工程数目，不宜少于（　　）个。

　　A. 2　　　　　　　　　　　　　　　　B. 3

　　C. 4　　　　　　　　　　　　　　　　D. 5

2.【单选】根据单位工程项目划分原则，（　　）按招标标段或加固内容，并结合工程量划分单位工程。

　　A. 堤防工程　　　　　　　　　　　　B. 引水（渠道）工程

　　C. 枢纽工程　　　　　　　　　　　　D. 除险加固工程

3.【单选】项目划分由项目法人组织监理、设计及施工等单位共同商定，同时确定主要单位工程、主要分部工程、主要隐蔽单元工程和关键部位单元工程，项目法人在主体工程开工前将项目划分表及说明书面报相应的（　　）确认。

    A. 项目水行政主管部门

    B. 运行管理单位

    C. 工程质量监督机构

    D. 建设单位

4.【多选】水利水电工程质量是工程在（　　）等方面的综合特性的反映。

    A. 安全性   B. 使用功能

    C. 适用性   D. 美观

    E. 环境保护

5.【多选】下列属于中间产品的有（　　）。

    A. 钢筋   B. 水泥

    C. 砂石集料   D. 混凝土预制构件

    E. 混凝土拌合物

考点 2　施工质量检验的要求【重要】

1.【单选】对运入加工现场的钢筋进行检验取样时，钢筋端部应至少先截去（　　）mm 再取试样。

    A. 300   B. 400

    C. 500   D. 600

2.【单选】原材料、中间产品一次抽检不合格时，应及时对同一取样批次另取（　　）倍数量进行检验。

    A. 2   B. 3

    C. 4   D. 5

3.【多选】根据《水利水电工程施工质量检验与评定规程》（SL 176—2007）的有关规定，工程质量检验包括（　　）等程序。

    A. 施工准备检查

    B. 中间产品与原材料质量检验

    C. 水工金属结构、启闭机及机电产品质量检查

    D. 质量事故检查及质量缺陷备案

    E. 质量保证体系的检查

考点 3　施工质量评定的要求【必会】

1.【单选】工程项目施工质量评定为优良，则单位工程全部合格，其中（　　）以上达到优良。

    A. 65%   B. 70%

    C. 75%   D. 80%

2.【单选】外观质量得分率，指（　　）外观质量实际得分占应得分数的百分数。

    A. 单元工程   B. 单位工程

    C. 单项工程   D. 分部工程

3. 【单选】单元工程或工序质量经鉴定达不到设计要求，经加固补强后，改变外形尺寸或造成永久性缺陷的，经项目法人、监理及设计单位确认能基本满足设计要求，其质量可按（　　）处理。

A. 优良
B. 不合格
C. 合格
D. 基本合格

4. 【多选】根据《水利水电工程施工质量检验与评定规程》（SL 176—2007）的有关规定，分部工程质量优良评定标准包括（　　）。

A. 单元工程质量全部合格，其中 70% 以上达到优良
B. 主要单元工程、重要隐蔽工程单元工程质量优良率达 90% 以上，且未发生过质量事故
C. 中间产品质量全部优良
D. 外观质量得分率达到 85% 以上（不含 85%）
E. 原材料质量、金属结构及启闭机制造质量优良，机电产品质量合格

5. 【单选】根据《水利水电工程施工质量检验与评定规程》（SL 176—2007），某中型水闸工程外观质量评定组人数至少应为（　　）人。

A. 3
B. 5
C. 7
D. 9

6. 【多选】水利水电工程施工质量评定结论须报质量监督机构核定的有（　　）。

A. 重要隐蔽单元工程
B. 关键部位单元工程
C. 单位工程
D. 工程外观
E. 工程项目

考点 4　单元工程质量等级评定标准【必会】

1. 【单选】水利工程一般划分为单位工程、分部工程、单元工程三个等级；（　　）工程是日常工程质量考核的基本单位，它是以有关设计、施工规范为依据的，其质量评定一般不超出这些规范的范围。

A. 单元
B. 单项
C. 分部
D. 单位

2. 【单选】根据水利部 2012 年第 57 号公布的《水利水电工程单元工程施工质量验收评定标准》，水利工程工序施工质量验收评定中，监理单位在收到施工单位申请后，应在（　　）小时内进行复核。

A. 2
B. 4
C. 6
D. 8

3. 【多选】工序施工质量评定分为合格和优良两个等级，其中合格标准包括（　　）。

A. 主控项目，检验结果应全部符合标准的要求
B. 主控项目，检验结果应 95% 以上符合标准的要求
C. 一般项目，逐项应有 70% 及以上的检验点合格，且不合格点不应集中
D. 一般项目，逐项应有 80% 及以上的检验点合格，且不合格点不应集中
E. 各项报验资料应符合标准要求

考点 5 施工质量评定表的使用【必会】

1.【单选】在电站混凝土单元工程质量评定表的表尾，施工单位签字的是（　　）人员。

A. 自验
B. 初验
C. 复验
D. 终验

2.【单选】《水利水电工程施工质量评定表（试行）》中关于合格率的填写，正确的表达方式是（　　）。

A. 0.95
B. 95.00%
C. 95%
D. 95.0%

3.【单选】单元（工序）工程完工后，应及时评定其质量等级，并按现场检验结果，如实填写《评定表》。现场检验应遵守（　　）原则。

A. 试验验证
B. 随机取样
C. 抽查核定
D. 质量核定

2F320080　水利水电工程建设安全生产管理

■ 知识脉络

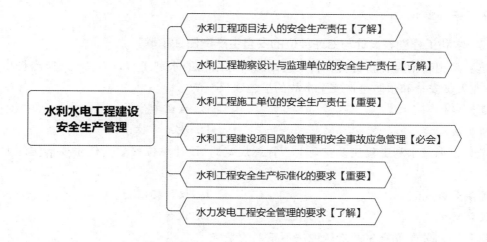

水利水电工程建设安全生产管理
- 水利工程项目法人的安全生产责任【了解】
- 水利工程勘察设计与监理单位的安全生产责任【了解】
- 水利工程施工单位的安全生产责任【重要】
- 水利工程建设项目风险管理和安全事故应急管理【必会】
- 水利工程安全生产标准化的要求【重要】
- 水力发电工程安全管理的要求【了解】

考点 1 水利工程项目法人的安全生产责任【了解】

1.【单选】根据《安全生产管理规定》，项目法人在对施工投标单位进行资格审查时，应对投标单位的主要负责人、项目负责人以及专职安全生产管理人员是否经（　　）安全生产考核合格进行审查。

A. 水行政主管部门
B. 劳动监察部门
C. 质量监督部门
D. 建筑工程协会

2.【单选】根据《安全生产管理规定》，项目法人应当将水利工程中的拆除工程和爆破工程发包给具有相应水利水电工程施工资质等级的施工单位。项目法人应当在拆除工程或者爆破工程施工（　　）日前，将相关资料报送水行政主管部门、流域管理机构或者其委托的安全生产监督机构备案。

A. 7

B. 14

C. 15

D. 30

3.【单选】根据《水电水利工程施工重大危险源辨识及评价导则》（DI/T 5274—2012），依据事故可能造成的人员伤亡数量及财产损失情况，重大危险源共划分为（　　）级。

A. 2

B. 3

C. 4

D. 5

4.【多选】施工单位的（　　）应当经水行政主管部门安全生产考核合格后方可参与水利工程投标。

A. 主要负责人

B. 项目负责人

C. 专职安全生产管理人员

D. 技术负责人

E. 兼职安全生产管理人员

5.【多选】根据《水利工程施工安全管理导则》（SL 721—2015），安全生产管理制度基本内容包括（　　）。

A. 工作内容

B. 责任人（部门）的职责与权限

C. 基本工作程序及标准

D. 安全生产监督

E. 质量安全监督

考点 2　水利工程勘察设计与监理单位的安全生产责任【了解】

1.【单选】采用新结构、新材料、新工艺以及特殊结构的水利工程，（　　）应当提出保障施工作业人员安全和预防生产安全事故的措施建议。

A. 设计单位

B. 监理单位

C. 项目法人

D. 施工单位

2.【单选】根据《水利工程建设安全生产管理规定》，设计单位安全责任主要落实的方面不包括（　　）。

A. 资质等级

B. 设计标准

C. 设计文件

D. 设计人员

3.【单选】下列关于安全生产责任说法不正确的是（　　）。

A. 勘察（测）单位应当按照法律、法规和工程建设强制性标准进行勘察（测），提供的勘察（测）文件必须真实、准确

B. 建设监理单位和监理人员对水利工程建设安全生产承担监理责任

C. 监理人员在实施监理过程中，发现存在生产安全事故隐患的，应当要求施工单位立即停工

D. 设计单位应当参与与设计有关的生产安全事故分析，并承担相应的责任

4.【多选】对设计单位安全责任的规定内容包括（　　）等方面。

A. 设计审查

B. 设计标准

C. 设计文件

D. 设计监督检查

E. 设计人员

考点 3　水利工程施工单位的安全生产责任【重要】

1.【单选】施工现场项目负责人安全生产考核合格证书有效期为（　　）年。

　　A. 1　　　　　　　　　　　　　　　　B. 2

　　C. 3　　　　　　　　　　　　　　　　D. 4

2.【单选】施工单位应当对管理人员和作业人员每年至少进行（　　）次安全生产教育培训，其教育培训情况记入个人工作档案。安全生产教育培训考核不合格的人员，不得上岗。

　　A. 1　　　　　　　　　　　　　　　　B. 2

　　C. 3　　　　　　　　　　　　　　　　D. 4

3.【单选】施工单位应当在施工组织设计中编制安全技术措施和施工现场临时用电方案，对达到一定规模的危险性较大的工程应当编制专项施工方案，并附具安全验算结果，经施工单位技术负责人签字以及（　　）核签后实施，由专职安全生产管理人员进行现场监督。

　　A. 项目经理

　　B. 总监理工程师

　　C. 项目法人

　　D. 国家一级注册安全工程师

4.【单选】施工单位从事水利工程的新建、扩建、改建、加固和拆除等活动，应当具备国家规定的注册资本、专业技术人员、技术装备和安全生产等条件，依法取得相应等级的（　　），并在其资质等级许可的范围内承揽工程。

　　A. 合格证书　　　　　　　　　　　　B. 岗位证书

　　C. 营业执照　　　　　　　　　　　　D. 资质证书

5.【多选】根据《水利水电工程施工企业主要负责人、项目负责人和专职安全生产管理人员安全生产考核管理办法》（水安监〔2011〕374号），对安全生产管理三类人员的考核原则是（　　）。

　　A. 统一规划　　　　　　　　　　　　B. 安全管理能力

　　C. 安全生产知识　　　　　　　　　　D. 工作责任心

　　E. 分级管理

考点 4　水利工程建设项目风险管理和安全事故应急管理【必会】

1.【单选】在风险处置方法中，对于损失小、概率大的风险处置措施是（　　）。

　　A. 规避　　　　　　　　　　　　　　B. 缓解

　　C. 转移　　　　　　　　　　　　　　D. 自留

2.【单选】下列选项中，不属于风险处置方法的是（　　）。

　　A. 风险转移　　　　　　　　　　　　B. 风险规避

　　C. 风险自留　　　　　　　　　　　　D. 风险消除

3.【多选】根据《大中型水电工程建设风险管理规范》（GB/T 50297—2013），水利水电工程建设风险类型包括（　　）。

　　A. 质量事故风险　　　　　　　　　　B. 工期延误风险

　　C. 人员伤亡风险　　　　　　　　　　D. 经济损失风险

　　E. 社会影响风险

4. 【单选】《水利部生产安全事故应急预案（试行）》（水安监〔2016〕443号）中应急管理工作原则不包括（　　）。

    A. 综合管制   B. 预防为主

    C. 以人为本   D. 专业指导

5. 【单选】水利工程发生重大生产安全事故，各单位应力争（　　）分钟内快报水利部。

    A. 10   B. 20

    C. 30   D. 40

6. 【单选】某次事故查明死亡人数为3人，直接经济损失约800万元，则根据《水利部生产安全事故应急预案》，该次事故为（　　）。

    A. 特别重大事故   B. 重大事故

    C. 较大事故   D. 一般事故

7. 【单选】根据《水利部生产安全事故应急预案（试行）》，一次事故中死亡人数为（　　）的事故可定义为较大事故。

    A. 1～2人   B. 3～9人

    C. 10～49人   D. 50人以上

8. 【单选】已经或者可能导致死亡（含失踪）3人以上、10人以下，或重伤（中毒）10人以上、50人以下，或直接经济损失1000万元以上、5000万元以下的事故属于（　　）事故。

    A. 特别重大   B. 重大

    C. 较大   D. 一般

9. 【单选】生产安全事故应急预案中应包含与地方公安、消防、卫生以及其他社会资源的调度协作方案，为第一时间开展应急救援提供（　　）。

    A. 信息与通信保障   B. 人力资源保障

    C. 应急经费保障   D. 物资与装备保障

10. 【多选】根据《水利部生产安全事故应急预案（试行）》的有关规定，应急工作应当遵循（　　）的原则。

    A. 以人为本、安全第一   B. 预防为主、平战结合

    C. 属地为主、部门协调   D. 集中领导、统一指挥

    E. 专业指导、技术支撑

考点 5　水利工程安全生产标准化的要求【重要】

1. 【单选】根据《水利安全生产标准化评审管理暂行办法》，某水利生产经营单位水利安全生产标准化评审得分85分，各一级评审项目得分不低于应得分的65%，则该企业的安全生产标准化等级为（　　）。

    A. 一级   B. 二级

    C. 三级   D. 不合格

2. 【单选】被撤销水利安全生产标准化等级的单位，自撤销之日起，须按降低至少一个等级重新申请评审；且自撤销之日起满（　　）个月后，方可申请被降低前的等级评审。

    A. 3   B. 6

    C. 9   D. 12

3.【单选】根据《水利建设工程文明工地创建管理办法》，水利工程文明工地实行届期制，每（　　）通报一次。

　　A. 6 个月

　　B. 1 年

　　C. 2 年

　　D. 3 年

考点 6　水力发电工程安全管理的要求【了解】

【单选】建设单位对电力建设工程施工安全负全面管理责任。应在（　　）内，将保证安全施工的措施向建设工程所在地国家能源局派出机构备案。

　　A. 电力建设工程开工之日起 15 日内

　　B. 电力建设工程开工报告批准之日起 15 日内

　　C. 电力建设工程开工之日起 7 日内

　　D. 电力建设工程开工报告批准之日起 7 日内

2F320090　水利水电工程验收

■ 知识脉络

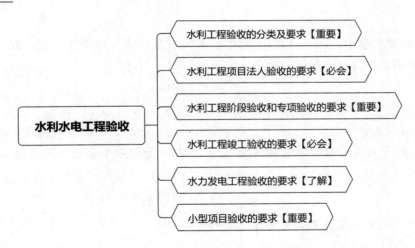

考点 1　水利工程验收的分类及要求【重要】

1.【单选】根据《水利水电建设工程验收规程》，水利水电建设工程验收按验收主持单位可分为法人验收和政府验收，其中属于政府验收的内容是（　　）。

　　A. 单位工程验收

　　B. 阶段验收

　　C. 分部工程验收

　　D. 合同工程完工验收

2.【单选】根据《水利水电建设工程验收规程》，下列新建水库工程验收阶段，属于政府验收的是（　　）验收。

　　A. 分部工程

　　B. 单位工程

C. 合同工程完工

D. 下闸蓄水

3. 【单选】为了加强公益性建设项目的验收管理，《国务院办公厅关于加强基础设施工程质量管理的通知》中指出："项目竣工验收合格后，方可投入使用。对未经验收或验收不合格就交付使用的，要追究（　　）的责任，造成重大损失的，要追究其法律责任。"

A. 承包单位法定代表人
B. 监理单位法定代表人
C. 项目法定代表人
D. 上级主管部门法定代表人

4. 【多选】水利工程法人验收包括（　　）。

A. 单元工程验收

B. 分部工程验收

C. 单位工程验收

D. 合同工程完工验收

E. 竣工验收

5. 【多选】水利水电工程建设过程中的政府验收包括（　　）验收。

A. 单元工程
B. 分部工程
C. 阶段
D. 专项
E. 竣工

6. 【单选】验收委员会中，（　　）以上的委员不同意主任委员对争议问题的裁决意见时，法人验收应报请验收监督管理机关决定。

A. 1/3
B. 1/2
C. 2/3
D. 3/4

7. 【单选】根据《水利水电建设工程验收规程》（SL 223—2008）的有关规定，验收工作由验收委员会（组）负责，验收结论必须经（　　）以上验收委员会成员同意。

A. 1/3
B. 1/2
C. 2/3
D. 全部

考点 2　水利工程项目法人验收的要求【必会】

1. 【单选】工程建设过程中，可委托监理单位主持的验收是（　　）验收。

A. 分部工程
B. 单位工程
C. 阶段
D. 竣工

2. 【单选】根据《水利水电建设工程验收规程》（SL 223—2008）的规定，填写分部工程验收签证时，存在问题及处理意见中主要填写有关本分部工程（　　）方面是否存在问题，以及如何处理，处理意见应明确存在问题的处理责任单位等。

A. 质量
B. 进度
C. 投资
D. 质量、进度、投资

3. 【单选】分部工程具备验收条件时，施工单位应向项目法人提交验收申请报告。项目法人应在收到验收申请报告之日起（　　）内决定是否同意进行验收。

A. 10 个工作日
B. 5 个工作日
C. 5 日
D. 10 日

4. 【多选】分部工程验收的主要工作有（　　）。

A. 检查工程是否达到设计标准或合同约定标准的要求

B. 按现行国家或行业技术标准，评定工程施工质量等级

C. 工程量结算已经完成

D. 对验收中发现的问题提出处理意见

E. 工程经质量监督单位抽查

5. 【单选】根据《水利水电建设工程验收规程》（SL 223—2008）的有关规定，单位工程完工并具备验收条件时，施工单位应向项目法人提出验收申请报告。项目法人应在收到验收申请报告之日起（　　）个工作日内决定是否同意进行验收。

A. 10　　　　　　　　　　　　　　B. 15

C. 5　　　　　　　　　　　　　　D. 20

6. 【多选】单位工程验收工作包括的主要内容有（　　）。

A. 检查分部工程验收遗留问题处理情况及相关记录

B. 检查工程投资控制和资金使用情况

C. 检查工程是否按批准的设计内容完成

D. 对验收中发现的问题提出处理意见

E. 评定工程施工质量等级

7. 【单选】合同工程具备验收条件时，施工单位应向项目法人提出验收申请报告。项目法人应在收到验收申请报告之日起（　　）个工作日内决定是否同意进行验收。

A. 21　　　　　　　　　　　　　　B. 7

C. 14　　　　　　　　　　　　　　D. 20

8. 【多选】合同工程完工验收应由项目法人主持。验收工作组应由项目法人以及与合同工程有关的（　　）等单位的代表组成。

A. 监理　　　　　　　　　　　　　B. 设计

C. 施工　　　　　　　　　　　　　D. 勘测

E. 质量监督部门

9. 【多选】合同工程完工验收应具备的条件有（　　）。

A. 观测仪器和设备已测得初始值及施工期各项观测值

B. 工程质量缺陷已基本处理并已妥善安排

C. 施工现场已经进行清理

D. 工程完工结算已完成

E. 合同范围内的工程项目已按合同约定完成

10. 【多选】合同工程完工验收工作的主要内容包括（　　）。

A. 检查历次验收遗留问题的处理情况

B. 检查工程完工结算情况

C. 鉴定工程施工质量

D. 检查工程投资、财务情况

E. 检查工程尾工安排情况

考点 3 水利工程阶段验收和专项验收的要求【重要】

1.【单选】根据《水利水电建设工程验收规程》（SL 223—2008）的有关规定，阶段验收由（　　）或其委托单位主持。阶段验收委员会应由验收主持单位、质量和安全监督机构、运行管理单位的代表以及有关专家组成。必要时，可邀请地方政府及有关部门参加。

   A. 承包单位

   B. 项目法人

   C. 分部验收主持单位

   D. 竣工验收主持单位

2.【多选】水利水电建设项目竣工环境保护验收技术工作分为（　　）阶段。

   A. 准备

   B. 影响分析

   C. 验收调查

   D. 环境影响民意调查

   E. 现场验收

3.【单选】根据《水利工程建设项目档案管理规定》（水办〔2005〕480 号），应保存档案原件的单位是（　　）。

   A. 施工单位

   B. 项目法人

   C. 监理单位

   D. 产权单位

4.【单选】根据《水利工程建设项目档案管理规定》（水办〔2005〕480 号），施工单位按施工图施工没有变动的，须在施工图上加盖并签署（　　）。

   A. 施工单位章   B. 监理单位章

   C. 竣工图章   D. 竣工图确认章

5.【单选】根据《水利工程建设项目档案管理规定》（水办〔2005〕480 号）的有关规定，水利工程档案的保管期限分为（　　）。

   A. 永久、长期、短期三种

   B. 长期、中期、短期三种

   C. 长期、短期两种

   D. 永久、临时两种

考点 4 水利工程竣工验收的要求【必会】

1.【单选】根据《水利水电建设工程验收规程》（SL 223—2008），水利工程竣工验收应在工程建设项目全部完成并满足一定运行条件后（　　）年内进行。

   A. 1   B. 2

   C. 3   D. 5

2.【单选】工程质量保修期的开始时间是通过（　　）验收后开始计算。

   A. 分部工程

   B. 单位工程

C. 合同工程完工

D. 竣工

3.【多选】根据《水利水电建设工程验收规程》（SL 223—2008）的有关规定，申请竣工验收前，项目法人应组织竣工验收自查。自查工作由项目法人主持，（　　）等单位的代表参加。

A. 施工单位

B. 监理单位

C. 设计单位

D. 质量监督机构

E. 运行管理单位

考点 5　水力发电工程验收的要求【了解】

1.【单选】工程截流验收由项目法人会同工程所在地（　　）人民政府能源主管部门共同组织验收委员会进行。

A. 省级
B. 市级

C. 县级
D. 本级

2.【多选】根据《水电工程验收管理办法》（国能新能〔2015〕426号）以及《水电工程验收规程》（NB/T 35048—2015）的规定，符合（　　）条件的工程，由国家有关部门向项目法人颁发工程竣工验收证书。

A. 已按规定完成各专项竣工验收的全部工作

B. 各专项验收意见均有明确的可以通过工程竣工验收的结论

C. 已妥善处理竣工验收中的遗留问题和完成尾工

D. 制定了工程投入运行过程中的各项规章制度

E. 工程投资已经通过了国家审查

考点 6　小型项目验收的要求【重要】

1.【多选】根据《关于加强小型病险加固项目验收管理的指导意见》（水建管〔2013〕178号），小型病险水库除险加固项目政府验收包括（　　）验收。

A. 竣工
B. 分项工程

C. 单位工程
D. 蓄水

E. 主体工程完工

2.【单选】下列不属于小水电站工程验收按工程项目划分及验收流程分类的是（　　）。

A. 专项验收

B. 分项工程验收

C. 分部工程验收

D. 合同工程完工验收

2F320100　水利水电工程施工监理

■ 知识脉络

水利水电工程施工监理 —— 水利工程项目施工监理【重要】
水利水电工程施工监理 —— 水力发电工程项目施工监理【了解】

考点 1　水利工程项目施工监理【重要】

1. 【单选】根据《水利工程建设项目施工监理规范》（SL 288—2014），水利工程建设项目施工监理的主要工作方法中不包括（　　）。
   A. 巡视检查　　　　　　　　　　　B. 跟踪检测
   C. 飞检　　　　　　　　　　　　　D. 平行检测

2. 【单选】水利工程监理单位平行检测的费用由（　　）承担。
   A. 项目法人　　　　　　　　　　　B. 监理单位
   C. 施工单位　　　　　　　　　　　D. 检测单位

3. 【单选】根据《水利工程建设项目施工监理规范》（SL 288—2014）的有关规定，监理机构可采用跟踪检测方法对承包人的检验结果进行复核。跟踪检测的检测数量，土方试样不应少于承包人检测数量的（　　）。
   A. 10%　　　　　　　　　　　　　B. 5%
   C. 7%　　　　　　　　　　　　　　D. 15%

4. 【单选】根据《水利工程建设项目施工监理规范》（SL 288—2014），水利工程建设项目施工监理开工条件的控制中不包括（　　）。
   A. 签发进场通知
   B. 签发开工通知
   C. 分部工程开工
   D. 单元工程开工

考点 2　水力发电工程项目施工监理【了解】

1. 【多选】根据《水利工程施工监理规范》（SL 288—2014），监理机构对所监理工程的工作方法有（　　）。
   A. 旁站监理
   B. 巡视检查
   C. 平行检测
   D. 抽查检测
   E. 追踪监测

2. 【单选】根据《水电水利工程施工监理规范》（DL/T 5111—2012），下列不属于工程变更分类的是（　　）。

A. 特别重大工程变更

B. 重大工程变更

C. 较大工程变更

D. 一般工程变更

水利水电工程项目施工相关法规与标准

学习计划：

扫码即听
本章导学

2F331000　水利水电工程项目施工相关法律规定

■ **知识脉络**

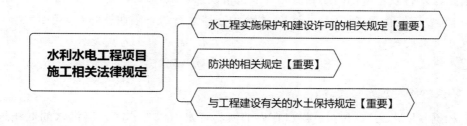

水利水电工程项目施工相关法律规定
- 水工程实施保护和建设许可的相关规定【重要】
- 防洪的相关规定【重要】
- 与工程建设有关的水土保持规定【重要】

考点 1　水工程实施保护和建设许可的相关规定【重要】

1. 【单选】河道管理范围按（　　）而有所不同。

　　A. 工程设施建设的位置

　　B. 有堤防和无堤防

　　C. 项目防御洪涝的设防标准

　　D. 堤防安全、河道行洪、河水水质的影响

2. 【单选】国家对水工程实施保护。国家所有的水工程应当按照（　　）的规定划定工程管理和保护范围。

　　A. 国务院或地方政府　　　　　　　　　　B. 《水法》

　　C. 国务院　　　　　　　　　　　　　　　D. 省级水行政主管部门

3. 【多选】在水工程保护范围内，下列禁止从事的活动有（　　）。

　　A. 爆破　　　　　　　　　　　　　　　　B. 打井

　　C. 取土　　　　　　　　　　　　　　　　D. 种植

　　E. 采石

4. 【单选】根据《水法》，在渠道内堆放阻碍行洪的物体属于（　　）。

　　A. 禁止性规定　　　　　　　　　　　　　B. 非禁止性规定

　　C. 限制性规定　　　　　　　　　　　　　D. 非限制性规定

5. 【单选】根据《水法》，在河道管理范围内铺设跨河管道、电缆属于（　　）。

　　A. 禁止性规定　　　　　　　　　　　　　B. 非禁止性规定

　　C. 限制性规定　　　　　　　　　　　　　D. 非限制性规定

6. 【多选】根据《关于全面推行河长制的意见》，全面建立（　　）四级河长体系。

　　A. 中央　　　　　　　　　　　　　　　　B. 省

　　C. 市　　　　　　　　　　　　　　　　　D. 县

　　E. 乡

7. 【单选】根据《水法》，水资源规划的关系中，区域规划应当服从（　　）。

　　A. 流域规划　　　　　　　　　　　　　　B. 专业规划

C. 综合规划   D. 单项规划

8. 【单选】根据《水法》，在国家确定的重要江河、湖泊上建设水工程，其工程可行性研究报告报请批准前，（   ）应当对水工程的建设是否符合流域综合规划进行审查并签署意见。

     A. 水利部   B. 有关流域管理机构

     C. 省级以上水行政主管部门   D. 县级以上水行政主管部门

9. 【单选】未经水行政主管部门或者流域管理机构同意，擅自修建水工程，由（   ）水行政主管部门或者流域管理机构依据职权，责令停止违法行为，限期补办有关手续。

     A. 省级以上人民政府   B. 县级以上人民政府

     C. 当地人民政府   D. 国务院

考点 2   防洪的相关规定【重要】

1. 【单选】根据《防洪法》，包括分洪口在内的河堤背水面以外临时贮存洪水的低洼地区及湖泊等，称为（   ）。

     A. 洪泛区   B. 蓄滞洪区

     C. 防洪保护区   D. 洪水区

2. 【单选】在蓄滞洪区内的建设项目投入生产或使用时，其防洪工程设施应当经（   ）验收。

     A. 水利部   B. 建设行政主管部门

     C. 国务院   D. 水行政主管部门

3. 【多选】根据《防洪法》，下列区域中，属于防洪区的有（   ）。

     A. 洪泛区   B. 蓄滞洪区

     C. 防洪保护区   D. 河道行洪区

     E. 洪水区

4. 【单选】工程设施需要占用河道、湖泊管理范围内土地，跨越河道、湖泊空间或者穿越河床的，建设单位应当经（   ）对该工程设施建设的位置和界限审查批准后，方可依法办理开工手续。

     A. 省级以上人民政府   B. 国务院

     C. 有关水行政主管部门   D. 防洪行政部门

5. 【单选】根据《防洪法》，防汛抗洪工作实行（   ）负责制。

     A. 各级防汛指挥部门   B. 各级防汛指挥首长

     C. 各级人民政府行政首长   D. 流域管理机构首长

6. 【单选】某水利工程进入防汛期后，（   ）时的流量称为安全流量。

     A. 相应警戒水位   B. 相应校核水位

     C. 相应保证水位   D. 相应设计水位

7. 【单选】国务院设立国家防汛指挥机构，负责领导、组织全国的防汛抗洪工作，其办事机构设在（   ）。

     A. 流域管理机构   B. 国务院水行政主管部门

     C. 县（市）人民政府   D. 省、自治区、直辖市人民政府

8. 【单选】江河、湖泊的水位在汛期上涨可能出现险情之前而必须开始警戒并准备防汛工作时

的水位称为（　　）。

A. 设计水位

B. 警戒水位

C. 汛限水位

D. 保证水位

9.【多选】根据《防洪法》，汛期起止时间时，宣布进入紧急防汛期的情况包括（　　）。

A. 江河、湖泊接近保证水位

B. 江河、湖泊接近警戒水位

C. 水库水位接近防洪高水位

D. 水库水位接近设计洪水位

E. 防洪工程发生重大险情

考点 3　与工程建设有关的水土保持规定【重要】

1.【单选】水土保持方案经批准后，生产建设项目的地点、规模发生重大变化的，应当补充或者修改水土保持方案并报（　　）批准。

A. 原审批机关

B. 原设计单位

C. 县级以上人民政府

D. 省级以上人民政府

2.【单选】按开发建设项目所处水土流失防治区确定水土流失防治标准执行等级，依法划定的省级水土流失重点治理区和重点监督区，应符合（　　）。

A. 一级标准

B. 二级标准

C. 三级标准

D. 四级标准

3.【单选】根据《水土保持法》，在（　　）以上坡地植树造林、抚育幼林、种植中药材等，应当采取水土保持措施。

A. 五度

B. 十五度

C. 二十度

D. 二十五度

4.【多选】在重力侵蚀地区，地方各级人民政府及其有关部门应当组织单位和个人，采取（　　）等措施，建立监测、预报、预警体系。

A. 监测

B. 削坡减载

C. 径流排导

D. 支挡固坡

E. 修建排泄工程

5.【多选】根据《水土保持法》，下列关于水土保持设施与主体"三同时"的说法正确的有（　　）。

A. 同时设计

B. 同时施工

C. 同时投产使用

D. 同时验收

E. 同时立项

2F332000 水利水电工程建设强制性标准

考点 1 水利水电工程建设强制性标准【重要】

1. **【多选】** 水利工程建设标准是水利工程建设中的标尺，国内常用标准主要包括（   ）。

    A. 国家标准
    B. 行业标准
    C. 地方标准
    D. 企业标准
    E. 通用标准

2. **【单选】** 根据《水利水电工程施工组织设计规范》（SL 303—2017），采用瑞典圆弧法计算时，4级均质土围堰边坡稳定安全系数，应不低于（   ）。

    A. 1.05
    B. 1.15
    C. 1.2
    D. 1.3

3. **【单选】** 地下开挖，洞内空气含沼气或二氧化碳浓度超过（   ）时，禁止进行爆破作业。

    A. 1‰
    B. 5‰
    C. 1%
    D. 15%

4. **【单选】** 某中型水利枢纽工程，其施工过程中采用的围堰类型为不过水的土石围堰，则其围堰堰顶安全加高最低为（   ）m。

    A. 0.3
    B. 0.4
    C. 0.5
    D. 0.7

5. **【单选】** 根据《水利水电工程施工通用安全技术规程》（SL 398—2007）规定，对从事尘、毒噪声等职业危害的人员应进行（   ）职业体检。

    A. 每季一次
    B. 每半年一次
    C. 每年一次
    D. 每两年一次

6. **【单选】** 根据《水工建筑物岩石基础开挖工程施工技术规范》（SL 47—94），严禁在设计建基面、设计边坡附近采用洞室爆破法或（   ）施工。

    A. 药壶爆破法
    B. 深孔爆破法
    C. 浅孔爆破法
    D. 预裂爆破法

7. **【单选】** 根据《水工建筑物地下开挖工程施工规范》（SL 378—2007），未经安全技术论证和主管部门批准，地下洞室洞口削坡应自上而下分层进行，严禁（   ）作业。

    A. 上下垂直
    B. 左右水平
    C. 洞室开挖
    D. 越层开挖

8. **【单选】** 根据《水工建筑物地下开挖工程施工规范》（SL 387—2007），当相向开挖的两个工作面相距（   ）m时，应停止一方工作，单向开挖贯通。

    A. 15
    B. 20
    C. 30
    D. 40

9. **【多选】** 洞内电、气焊作业区，应设有（   ）。

    A. 防火设施
    B. 消防设备

C. 通风设施　　　　　　　　　　　　　　D. 电器设施

E. 防爆设施

10.【单选】根据《水工混凝土施工规范》（SL 191—2014），水利水电工程施工中，跨度5m 的混凝土悬臂板、梁的承重模板在混凝土达到设计强度的（　　）后才能拆除。

A. 60%　　　　　　　　　　　　　　　　B. 75%

C. 80%　　　　　　　　　　　　　　　　D. 100%

11.【单选】根据《水利水电工程施工质量检验与评定规程》（SL 176—2007），对涉及工程结构安全的试块、试件及有关材料，其见证取样资料应由（　　）制备。

A. 检测单位　　　　　　　　　　　　　　B. 施工单位

C. 监理单位　　　　　　　　　　　　　　D. 项目法人

12.【单选】根据《水工建筑物地下开挖工程施工技术规范》（DL/T 5099—2011），单向开挖隧洞，安全地点至爆破工作面的距离，应不少于（　　）m。

A. 50　　　　　　　　　　　　　　　　　B. 100

C. 150　　　　　　　　　　　　　　　　　D. 200

13.【多选】根据《水工建筑物地下工程开挖施工技术规范》（DL/T 5099—2011）规定，对（　　）等作业区，应做专项通风设计，并进行监测。

A. 高压　　　　　　　　　　　　　　　　B. 高温

C. 高风险　　　　　　　　　　　　　　　D. 瓦斯

E. 地震

14.【单选】水工建筑物岩石基础部位开挖不应采用（　　）进行爆破。

A. 集中药包法

B. 光面爆破法

C. 洞室爆破法

D. 深孔爆破法

2F333000　二级建造师（水利水电工程）注册执业管理规定及相关要求

考点 1　二级建造师（水利水电工程）注册执业管理规定及相关要求【重要】

1. 【单选】根据《注册建造师执业管理方法（试行）》规定，某水利枢纽工程其发电装机容量为 1500MW，则其项目负责人可以由（　　）担任。

A. 一级注册建造师（水利水电专业）

B. 二级注册建造师（水利水电专业）

C. 一级注册建造师（机电专业）

D. 一级注册建造师（建筑专业）

2. 【单选】大中型工程施工项目负责人必须由本专业注册建造师担任，二级注册建造师可以承担（　　）工程施工项目负责人。

A. 大、中、小型　　　　　　　　　　　B. 大、中型

C. 中、小型　　　　　　　　　　　　　D. 小型

3. 【单选】根据《注册建造师执业工程规模标准》（水利水电工程），单项合同额为 2990 万元的环境保护工程，其注册建造师执业工程规模标准为（　　）型。

A. 大（1）　　　　　　　　　　　　　B. 大（2）

C. 中　　　　　　　　　　　　　　　　D. 小

4. 【单选】某大坝工程级别为 4 级，对应注册建造师执业工程规模标准为（　　）。

A. 大型　　　　　　　　　　　　　　　B. 中型

C. 小（1）型　　　　　　　　　　　　D. 小（2）型

5. 【单选】建设部《建筑业企业资质管理规定实施意见》明确《建筑业企业资质等级标准》中涉及水利方面的资质不包括（　　）。

A. 水工建筑物基础处理工程专业

B. 隧道工程专业承包企业资质

C. 河湖整治工程专业

D. 堤防工程专业

6. 【多选】下列水利水电工程注册建造师施工管理签章文件中，属于进度管理文件的有（　　）。

A. 施工组织设计报审表　　　　　　　　B. 复工申请表

C. 变更申请表　　　　　　　　　　　　D. 施工月报表

E. 延长工期报审表

7. 【多选】水利水电工程注册建造师施工管理签章文件中关于施工组织的文件包括（　　）。

A. 施工组织设计报审表

B. 施工月报

C. 现场组织机构及主要人员报审表

D. 施工进度计划报审表

E. 施工技术方案报审表

8.【多选】下列水利水电工程注册建造师施工管理签章文件中，属于质量管理文件的有（　　）。

A. 单位工程施工质量评定表　　　　　　B. 法人验收质量结论

C. 质量缺陷备案表　　　　　　　　　　D. 施工技术方案报审表

E. 联合测量通知单

学习计划：

模块一　进度与合同

案例一

【背景资料】

某水库除险加固工程包括主坝、副坝加固及防汛公路改建等内容，主、副坝均为土石坝。施工单位与项目法人签订了施工合同。

施工单位项目部根据合同工期编制的施工进度计划（单位：d）如图 1-1 所示，监理单位已经审核批准。

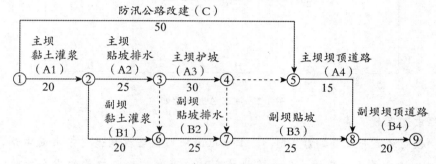

图 1-1　施工进度计划

合同约定：如工程工期提前，奖励标准为 10000 元/d；如工程工期延误，支付违约金标准为 10000 元/d。

工程开工后发生如下事件：

事件一：由于移民搬迁问题，C 工作时断时续，在第 75d 末全部完成，由此增加费用 30000 元。

事件二：由于项目法人提供的勘探资料有误，导致 A1 工作停工 3d，其工作在第 23d 末全部完成，机械闲置、人员窝工费用标准为 15000 元/d。

事件三：A4 工作从开工后第 80d 末开始，因施工过程中出现质量缺陷需处理，A4 工作的实际持续时间为 20d，工程费用增加 10000 元。

【问题】

1. 计算网络计划总工期及关键线路？

2. 指出事件一、事件二、事件三的责任方，并分别分析其对工期的影响。

3. 综合事件一、事件二、事件三，计算实际总工期；施工单位应提出多少费用补偿要求？

4. 综合事件一、事件二、事件三，根据合同约定，施工单位能够得到的工期奖励或者需要支付的违约金是多少？

案例二

【背景资料】

某渠道工程，建设单位与施工单位签订了施工合同，经总监理工程师批准的施工总进度计划如图 1-2 所示（时间单位：d），各项工作均按最早开始时间安排且匀速施工。

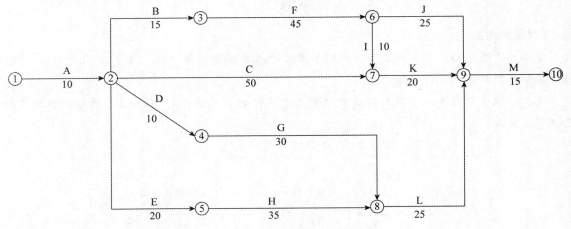

图 1-2　施工总进度计划

施工过程中发生如下事件：

事件一： 合同约定开工日期前 10d，施工单位向项目监理机构递交了书面申请，请求将开工日期推迟 5d，理由是已安装的施工起重机械未通过有资质检验机构的安全验收，需要更换主要支撑部件。

事件二： 由于施工单位人员及材料组织不到位，工程开工后第 33d 上班时工作 F 才开始。为确保按合同工期竣工，施工单位决定调整施工总进度计划。经分析，各项未完成工作的赶工费率及可缩短时间见表 1-1。

表 1-1　工作的赶工费率及可缩短时间

工作名称	C	F	G	H	I	J	K	I	M
赶工费率（元/d）	0.7	1.2	2.2	0.5	1.5	1.8	1.0	1.0	2.0
可缩短时间/d	8	6	3	5	2	5	10	6	1

事件三： 施工总进度计划调整后，工作 L 按期开工。施工合同约定，工作 L 需安装的设备由建设单位采购，由于设备到货检验不合格，建设单位进行了退换，由此导致施工单位吊装机械台班费损失 8 万元，L 工作拖延 9d。施工单位向项目监理机构提出了费用补偿和工程延期申请。

【问题】

1. 事件一中，项目监理机构是否应批准工程推迟开工？说明理由。

2. 指出图 1-2 所示施工总进度计划的关键线路和总工期。

3. 事件二中，为使赶工费最少，施工单位应如何调整施工总进度计划？赶工费总计多少万元？计划调整后工作 L 的总时差和自由时差为多少天？

4. 事件三中，项目监理机构是否应批准费用补偿和工程延期？分别说明理由。

案例三

【背景资料】

承包人承担某堤防工程，工程项目的内容为堤段Ⅰ（土石结构）和堤段Ⅱ（混凝土结构），合同双方签订了合同：签约合同价为 600 万元，合同工期为 120d。

合同约定：

(1) 工程预付款为签约合同的 10%；当工程进度款累计达到签约合同价的 60% 时，从当月开始，在 2 个月内平均扣回。

(2) 工程进度款按月支付，保留金（质量保证金）在工程进度款中按 5% 预留。

经监理机构批准的施工进度计划如图 1-3 所示。

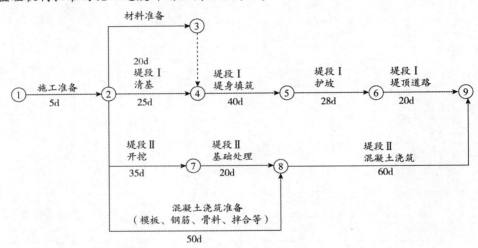

图 1-3 施工进度计划

由于发包人未及时提供施工图纸，导致"堤段Ⅱ混凝土浇筑"推迟 5d 完成，增加费用 5 万元。承包人在事件结束后 28d 内向发包人提交了延长工期 5d、补偿费用 5 万元的最终索赔通知书。

表 1-2 "堤段Ⅰ堤身填筑"工程量统计表

时间 工程量/m²	0~10/d	10~20/d	20~30/d	30~40/d
计划	2100	2400	2600	2900
实际	2000	2580	2370	3050

根据"堤段Ⅰ堤身填筑"工程量统计表绘制的工程进度曲线如下：

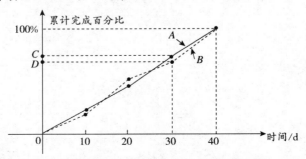

图 1-4 "堤段Ⅰ堤身填筑"工程进度曲线

监理机构确认的 1～4 月份发放工程款情况见表 1-3：

表 1-3　1～4 月份的工程进度款

月份	1	2	3	4
金额/万元	40	165	205	132

注：监理机构确认的工程进度款中，1～3 月已含索赔的费用。

合同条款中约定对 4 月水泥材料按价格调整公式进行调整，定值权重 90%，各可调因子变值权重 10%，$F_t = 105$，$F_0 = 100$。

【问题】

1. 指出网络计划的工期和关键线路。（用节点表示）

2. 承包人向发包人提出的索赔要求合理吗？说明理由。承包人提交的索赔的做法有何不妥？写出正确做法。最终索赔通知书中应包括的主要内容有哪些？

3. 指出"堤段Ⅰ堤身填筑"工程进度曲线 A、B 分别代表什么？并计算 C、D 值。

4. 计算 3 月份应支付的工程款。

5. 计算 4 月份水泥需调整的价格差额。

案例四

【背景资料】

某水库除险加固工程内容有：（1）溢洪道闸墩与底板加固，闸门更换；（2）土坝黏土灌浆、贴坡排水、护坡和坝顶道路重建。

施工项目部根据合同工期、设备、人员、现场等具体情况编制了施工总进度计划，形成的时标网络图如下（单位：d）。

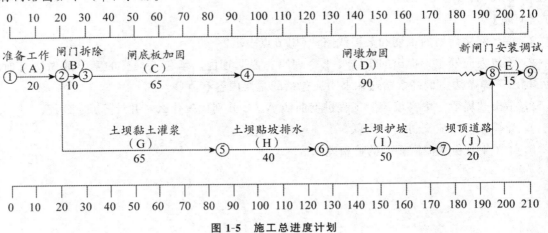

图 1-5　施工总进度计划

施工中发生如下事件：

事件一： 由于发包人未能按期提供场地，A 工作推迟完成，B、G 工作第 25d 末才开始。

事件二： C 工作完成后发现底板混凝土出现裂缝，需进行处理，C 工作实际持续时间为 77d。

事件三： E 工作施工过程中吊装设备出现故障，修复后继续进行，E 工作实际持续时间为 17d。

事件四： D 工作的进度情况见表 1-4。

表 1-4　D 工作的进度情况表

项目名称	计划工作量/万元	计划/实际工作量/万元									
		0～20d		20～40d		40～60d		60～80d		80～90d	
		计划	实际	计划	实际	计划	实际	计划	实际	计划	实际
闸墩 I	24	10	9	8	7	6	8				
闸墩 II	22	7	7	6	5	8	6	1	4		
闸墩 III	22			8	7	8	9	6	6		
闸墩 IV	22					6	5	8	7	8	10
闸墩 V	24					8	6	7	8	9	10

注： 本表中的时间按网络图要求标注，如 20d 是指 D 工作开始后的第 20d 末。

【问题】

1. 指出计划工期和关键线路，指出 A 工作和 C 工作的总时差。

2. 分别指出事件一至事件三的责任方，并说明影响计划工期的天数。

3. 根据事件四，计算 D 工作在第 60d 末，计划应完成的累计工作量（万元），实际已完成的累计工作量（万元），分别占 D 工作计划总工作量的百分比；实际比计划超额（或拖欠）工作量占 D 工作计划总工作量的百分比。

4. 除 A、C、E 工作外，其他工作均按计划完成，计算工程施工的实际工期；承包人可向发包人提出多少天的延期要求？

案例五

【背景资料】

某水库除险加固工程的主要内容有泄洪闸加固、灌溉涵洞拆除重建、大坝加固。工程所在地区的主汛期为6~8月份，泄洪闸加固和灌溉涵洞拆除重建分别安排在两个非汛期施工。施工导流标准为非汛期5年一遇，现有泄洪闸和灌溉涵洞均可满足非汛期导流要求。

承包人依据《水利水电工程标准施工招标文件》（2009年版）与发包人签订了施工合同。合同约定：

（1）签约合同价为2200万元，工期19个月（每月按30d计，下同），2011年10月1日开工。

（2）开工前，发包人按签约合同价的10%向承包人支付工程预付款，工程预付款的扣回与还清按 $R = [A(C - F_1 S)] / [(F_2 - F_1) S]$ 计算，其中 $F_1 = 20\%$，$F_2 = 90\%$。

（3）履约保证金兼具工程质量保证金功能，施工进度付款中不再预留质量保证金。

（4）控制性节点工期见表1-5。

表1-5 控制性节点工期

节点名称	控制性节点工期
水库除险加固工程完工	2013年4月30日
泄洪闸加固具备通水条件	T
灌溉涵洞拆除重建具备通水条件	2013年3月30日

施工中发生如下事件：

事件一：工程开工前，承包人按要求向监理人提交了开工报审表，并做好开工前的准备，工程如期开工。

事件二：大坝加固项目计划于2011年10月1日开工，2012年9月30日完工。承包人对大坝加固项目进行了细化分解，并考虑施工现场资源配备和安全度汛要求等因素，编制了大坝加固项目各工作的逻辑关系表（见表1-6）。其中大坝安全度汛目标为，重建迎水面护坡、新建坝身混凝土防渗墙两项工作必须在2012年5月底前完成。

表1-6 大坝加固项目各工作的逻辑关系表

工作代码	工作名称	工作持续时间/d	紧前工作
A	拆除背水面护坡	30	—
B	坝身迎水面土方培厚加高	60	G
C	砌筑背水面砌石护坡	90	F、K
D	拆除迎水面护坡	40	—
E	预制混凝土砌块	50	G
F	砌筑迎水面混凝土砌块护坡	100	B、E
G	拆除坝顶道路	20	A、D
H	重建坝顶防浪墙和道路	50	C
K	新建坝身混凝土防渗墙	120	B

根据表1-6，承包人绘制了大坝加固项目施工进度计划，如图1-6所示。

经检查发现图1-6有错误，监理人要求承包人根据表1-6对图1-6进行修订。

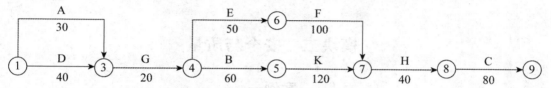

图1-6 大坝加固项目施工进度计划

事件三： F工作由于设计变更工程量增加12%，为此承包人分析对安全度汛和工期的影响，按监理人的变更意向书要求，提交了包括变更工作计划、措施等内容的实施方案。

事件四： 截至2013年1月底累计完成合同金额为1920万元，2013年2月份经监理人认可的已实施工程价款为98万元。

【问题】

1. 写出事件一中承包人提交的开工报审表主要内容。

2. 指出表1-5中控制性节点工期T的最迟时间，说明理由。

3. 根据事件二，说明大坝加固项目施工进度计划（图1-6）应修订的主要内容。

4. 根据事件三，分析在施工条件不变的情况下（假定匀速施工），变更事项对大坝安全度汛目标的影响。

5. 计算2013年2月份发包人应支付承包人的工程款。（计算结果保留两位小数）

模块二　安全与质量

案例一

【背景资料】

某土石坝坝体施工项目，业主与施工总承包单位签订了施工总承包合同，并委托了工程监理单位实施监理，施工总承包单位与分包单位签订了深基坑的专业分包合同。

在施工过程中发生了如下事件：

事件一： 深基坑支护工程的专业分包单位在施工过程中，由负责质量管理工作的施工人员兼任现场安全生产监督工作。

事件二： 土方开挖到接近基坑设计标高时，总监理工程师发现基坑四周地表出现裂缝，即向施工总承包单位发出书面通知，要求停止施工，并要求现场施工人员立即撤离，查明原因后再恢复施工，但总承包单位认为地表裂缝属正常现象没有予以理睬。不久基坑发生严重坍塌，并造成2名施工人员被掩埋，其中1人死亡，1人重伤。

事件三： 经事故调查组调查，造成坍塌事故的主要原因是基坑支护设计中未能考虑地下存在古河道这一因素。事故中直接经济损失80万元，于是专业分包单位要求设计单位赔偿事故损失80万元。

【问题】

1. 事件一中专业分包单位的做法有何不妥？并说明理由。

2. 水利工程生产安全事故分为几级，事件二中的属于哪一级？这起事故的主要责任人是哪一方？请说明理由。

3. 事件三中专业分包单位的索赔有何不妥？并说明理由。

4. 根据《水利工程建设安全生产管理规定》，施工单位应对哪些达到一定规模的危险性较大的工程编制专项施工方案？

案例二

【背景资料】

某水库枢纽工程总库容 1500 万 m^3，工程内容包括大坝、溢洪道、放水洞等，大坝为黏土心墙土石坝，最大坝高为 35m，坝顶构造如图 2-1 所示。

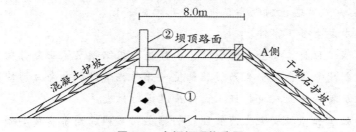

图 2-1　大坝坝顶构造图

施工过程中发生如下事件：

事件一：为加强工程质量管理，落实质量责任，依据《关于贯彻质量发展纲要、提升水利工程质量的实施意见》（水建管〔2012〕581 号），项目法人要求各参见单位落实从业单位质量主体责任制等"四个责任制"。

事件二：施工单位选用振动碾作为大坝坝壳土料主要压实机具，并在土料填筑前进行了碾压试验，确定了主要压实参数。

事件三：水电站机组安装时，由于一名吊装工人操作不当，造成吊装设备与已安装好的设备发生碰撞，造成直接经济损失 21 万元，处理事故延误工期 25d，处理后不影响工程正常使用和设备使用寿命。

【问题】

1. 说明该水库枢纽工程的规模、等级及大坝的级别；指出图中①和②所代表的部位名称；A 侧为大坝上游还是下游？

2. 事件一中的"四个责任制"，除从业单位质量主体责任制外，还包括哪些内容？

3. 事件二中施工单位应确定的主要压实参数包括哪些？

4. 根据《水利工程质量事故处理暂行规定》，说明事件三的事故等级以及事故发生后的处理方案。

案例三

【背景资料】

某水库枢纽工程有主坝、副坝、溢洪道、电站及灌溉引水隧洞等建筑物组成，水库总库 $5.84 \times 10^8 \mathrm{m}^3$，电站装机容量 6.0MW。主坝为黏土心墙土石坝，最大坝高 90.3m；灌溉引水洞引水流量 45m³/s；溢洪道控制段共 5 孔，每孔净宽 15m。

工程施工过程中发生如下事件：

事件一： 为加强工程施工安全生产管理，项目法人组织制定了安全目标管理制度，安全设施"三同时"管理制度等多项安全生产管理制度，并对施工单位安全生产许可证、三类人员安全生产考核合格证及特种作业人员持证上岗等情况进行核查。

事件二： 为加强工程施工安全生产管理，明确水利生产经营单位是水利安全生产工作责任的直接承担主体，对本单位安全生产和职业健康工作负全面责任。

事件三： 电站基坑开挖前，施工单位编制了施工措施计划部分内容如下：

(1) 施工用电由系统电网接入，现场安装变压器一台。

(2) 基坑采用明挖施工，开挖深度 9.5m，下部岩石采用爆破作业，规定每次装药量不得大于 50kg，雷雨天气禁止爆破作业。

(3) 电站厂房墩墙采用落地式钢管脚手架施工，墩墙最大高度 26m。

(4) 混凝土浇筑采用塔式起重机进行垂直运输，每次混凝土运输量不超过 6m³，并要求风力超过 7 级暂停施工。

【问题】

1. 指出本水库枢纽工程的等别、电站主要建筑物和临时建筑物的级别，以及本工程施工项目负责人应具有的建造师级别。

2. 说明事件一中"三类人员"和"三同时"所代表的具体内容。

3. 指出事件二中的水利生产经营单位具体指哪些单位？

4. 根据《水电水利工程施工重大危险源辨识及评价导则》，在事件三涉及的生产、施工作业中，宜列入重大危险源重点评价对象的有哪些？

案例四

【背景资料】

某泵站工程在施工过程中，监理单位人员兼任兼职质量监督员。基坑土方开挖到接近设计标高时，总监理工程师发现基坑四周地表出现裂缝，即向施工单位发出书面通知，要求暂停施工，并要求现场施工人员立即撤离，查明原因后再恢复施工，但施工单位认为地表裂缝属正常现象没有予以理睬。不久基坑发生严重坍塌，并造成4名施工人员被掩埋，其中3人死亡，1人重伤。

事故发生后，施工单位在2小时内快报至水利部。经事故调查组调查，造成坍塌事故的主要原因是由于地质勘察资料中未标明地下存在古河道，基坑支护设计（合同约定由发包人委托设计单位设计）中未能考虑这一因素造成的。事故直接经济损失380万元，施工单位要求设计单位赔偿事故损失。

【问题】

1. 指出上述背景资料中有哪些做法不妥？并说明理由。

2. 根据《水利工程建设安全生产管理规定》，施工单位应对哪些达到一定规模的危险性较大的工程编制专项施工方案？

3. 根据《水利部生产安全事故应急预案（试行）》，指定本工程的事故等级。

4. 这起事故的主要责任单位是谁？说明理由。

案例五

【背景资料】

某大型水利枢纽工程位于我国西北某省，枯水期流量很少。坝型为土石坝，黏土墙防渗；坝址处河道狭窄，岸坡平缓。

其中某分部工程包括坝基开挖、坝基防渗及坝体填筑。坝基在施工中发生渗漏，施工单位及时组织人员全部进行了返工处理，造成直接经济损失100万元，处理事故延误工期45d。

该分部工程完工后，质检部门及时统计了该分部工程的单元工程施工质量评定情况：本分部工程划为80个单元工程，其中合格30个，优良50个，主要单元工程、重要隐蔽工程及关键部位的单元工程质量优良；中间产品质量全部合格，其中混凝土拌合物质量达到优良。该分部工程质量评定结果为优良。

【问题】

1. 根据该项目的施工条件，请选择合理的施工导流方式及其泄水建筑物类型。

2. 大坝拟采用碾压式填筑，其压实机械主要有哪几种类型？坝面作业分哪几项主要工序？

3. 大坝施工前碾压实验主要确定哪些压实参数？施工中坝体与混凝土泄洪闸连接部位的填筑，应采取哪些措施保证填筑质量？

4. 根据《水利工程质量事故处理暂行规定》，本工程中的质量事故属于哪类？

5. 根据水利水电工程有关质量评定规程，指出分部工程的质量等级评定是否合理，并说明理由？

模块三　招投标与成本

案例一

【背景资料】

招标人依据《水利水电工程标准施工招标文件》（2009年版），编制了某泵站主体工程施工招标文件，施工围堰由施工单位负责设计，报监理单位批准。

本次共有甲、乙、丙、丁4家投标人参加投标。投标过程中，甲要求招标人提供初步设计文件中的施工围堰设计方案。为此，招标人发出招标文件澄清通知见表3-1。

表3-1　招标文件澄清通知

招标文件澄清通知
（第1号）
甲、乙、丙、丁：
甲单位提出的澄清要求已收悉。经研究，提供初步设计文件中的施工围堰设计方案（见附件），供参考。
招标人：盖（单位公章）
附件：×××水闸工程设计初步设计文件中的施工围堰设计方案
时间：2015年9月15日

经评审，乙中标，签约合同价为投标总价，其投标报价汇总表见表3-2。

表3-2　投标报价汇总表

序号	工程项目或费用名称	金额/元	备注
一	建筑工程	2940000	单价承包
二	机电设备及安装工程	160000	单价承包
三	金属结构设备及安装工程	560000	单价承包
四	水土保持及环境保护工程	50000	单价承包
五	A	377916	总价承包
1	施工围堰工程	87360	围堰填筑（含防护）工程量2800m³，综合单价为20元/m³，围堰拆除工程量2800m³，综合单价为11.2元/m³
2	施工交通工程	40116	以项为单位
3	临时房屋建筑工程	142600	工程量200m³（含施工仓、建设、监理、施工单位用房），综合单价713元/m³
4	其他临时工程	107840	以项为单位
	一～五合计	4087916	
	B	4087916×5%	由发包人掌握
	投标总价		一～五合计加B

经过评标，××集团中标，根据招标文件，施工围堰工程为总价承包项目，招标文件提供了初步设计施工导流方案，供投标人参考，××集团采用了招标文件提供的施工导流方案，实施过程中，围堰在设计使用条件下，发生坍塌事故，造成30万元直接经济损失，××集团以施工导流方案为招标文件提供为由，在事件发生后依合同规定程序陆续提交了相关索赔函件，向发包人提出索赔。

【问题】

　　1. 指出招标文件澄清通知中的不妥之处。

　　2. 指出乙的投标报价汇总表中，A、B所代表的工程项目或费用名称以及投标总价。（小数点后保留两位小数）

　　3. 指出预留B的目的和使用B的估价原则。

　　4. 依据背景资料，××集团提出的索赔能否成立？说明理由。指出围堰坍塌事故发生后××集团提交的相关索赔的函件名称。

案例二

【背景资料】

某大型防洪工程由政府投资兴建。项目法人委托某招标代理公司代理施工招标。招标代理公司依据有关规定确定该项目采用公开招标方式招标，招标公告在招标信息网上发布。招标文件中规定：投标担保可采用投标保证金或投标保函方式担保。评标方法采用经评审的最低投标价法。投标有效期为60d。

项目法人对招标代理公司提出以下要求：为避免潜在的投标人过多，项目招标公告只在本市日报上发布，且采用邀请方式招标。

招标投标过程中发生如下事件：

事件一：招标代理人确定的自招标文件出售之日起至停止出售之日止的时间为10个工作日；投标有效期自开始发售招标文件之日起计算，招标文件确定的投标有效期为30d。

事件二：为了加大竞争，以减少可能的围标而导致竞争不足，招标人（业主）要求招标代理人对已根据计价规范和行业主管部门颁发的计价定额、工程量清单，工程造价管理机构发布的造价信息或市场造价信息等资料编制好的招标控制价再下浮10%，并仅公布了招标控制价总价。有企业法人地位，注册地不在本市的，在本市必须成立分公司。

事件三：应潜在投标人的请求，招标人组织最具竞争力的一个潜在投标人踏勘项目现场，并在现场口头解答了该潜在投标人提出的疑问。

【问题】

1. 项目法人对招标代理公司提出的要求是否正确？说明理由。

2. 指出事件一中的不妥之处，并说明理由。

3. 指出事件二中招标人行为的不妥之处，并说明理由。

4. 指出事件三中招标人行为的不妥之处，并说明理由。

案例三

【背景资料】

某一排水涵洞工程施工招标中，某投标人提交的已标价工程量清单（含计算辅助资料）见表3-3。

表3-3　已标价工程量清单

工程项目或费用名称	单位	工程量	单价/元	总价/元
土方开挖	m³	22000	10	220000
土方回填	m³	15000	80	120000
干砌块石护坡（底）	m³	450	100	45000
浆砌块石护坡（底）	m³	900	120	118000
混凝土工程（含模板）	m³	1200	350	420000
钢筋加工与安装	t	90	5000	450000
临时工程	项	1	200000	200000
备用金	元			200000
合计				1773000

计算辅助资料中，人工预算单价如下：

A：4.23元/工时；高级工：3.57元/工时。

B：2.86元/工时；初级工：2.19元/工时。

【问题】

1. 根据水利工程招标投标有关规定，指出有计算性错误的工程项目或费用名称，进行计算性算术错误修正并说明适用的修正原则。修正后投标报价为多少？

2. 指出"钢筋加工与安装"项目中"加工"包含的工作内容。

3. 计算辅助资料中，A、B各代表什么档次人工单价？除人工预算单价外，为满足报价需要，还需编制的基础单价有哪些？

案例四

【背景资料】

某泵站工程施工招标文件按《水利水电工程标准施工招标文件》（2009 年版）编制。

招标及合同管理过程中发生如下事件：

事件一：A 投标人在规定的时间内，就招标文件设定信用等级作为资格审查条件，向招标人提出书面异议。

事件二：B 投标人投标文件所载工期超过招标文件规定的工期，评标委员会向其发出了要求澄清的通知，该投标人按时递交了答复，修改了工期计划，满足了要求。评标委员会认可工期修改。

事件三：招标人在合同谈判时，要求施工单位提高混凝土强度等级，但不调整单价，否则不签合同。

事件四：合同约定，发包人的义务和责任有：①提供施工用地；②执行监理单位指示；③保证工程施工人员安全；④避免施工对公众利益的损害；⑤提供测量基准。承包人的义务和责任有：①垫资 100 万元；②为监理人提供工作和生活条件；③组织工程验收；④提交施工组织设计；⑤为其他人提供施工方便。

事件五：合同部分条款如下：

（1）计划施工工期 3 个月，自合同签订次月起算。签约合同工程量及单价见下表。

表 3-4 签约合同工程量及单价

	土方工程	混凝土工程	砌石工程	临时工程
工程量	10 万 m³	0.8 万 m³	0.2 万 m³	2 项
综合单价	10 元/m³	400 元/m³	200 元/m³	40 万元/项
开工及完工时间	第 1 月	第 3 月	第 2 月	第 1 月

（2）合同签订当月生效，发包人向承包人一次性支付合同总价的 10%，作为工程预付款，施工期最后 2 个月等额扣回。

（3）工程质量保证金总额为签约合同总价的 5%，在施工期内，按每月工程进度款 5% 的比例扣留。工程质量保修期满后退还，保修期 1 年。

【问题】

1. 说明 A 投标人提出异议的时间；针对事件一，招标人应当如何处理？

2. 根据水利工程招标投标有关规定，事件二、事件三的处理方式或要求是否合理？逐一说明理由。

3. 根据《水利水电工程标准施工招标条件》（2009 年版），分别指出事件四中有关发包人和承包人的义务和责任中的不妥之处。

4. 按事件五所给的条件，签约合同金额为多少？发包人应支付的工程预付款为多少？应扣留的工程质量保证金总额为多少？

案例五

【背景资料】

某地新建一水库，其库容为 3 亿 m³，土石坝坝高 75m。批准项目概算中的土坝工程概算为 1 亿元。土坝工程施工招标工作实际完成情况见表 3-5。

表 3-5　土坝工程施工招标工作实际完成情况表

工作序号	（一）	（二）	（三）	（四）	（五）
时间	2014.05.25	2014.06.05～2026.08	2014.06.10	2014.06.11	2014.06.27
工作内容	在"中国招标投标公共服务平台"上发布招标公告	发售招标文件，投标人 A、B、C、D、E 购买了招标文件	仅组织投标人 A、B、C 踏勘现场	电话通知删除招标文件中坝前护坡内容	上午 9：00 投标截止，上午 10：00 组织开标，投标人 A、B、C、D、E 参加

根据《水利水电工程施工合同条件》，发包人与投标人 A 签订了施工合同。其中第一坝段土方填筑工程合同单价中的直接费为 7.5 元/m³（不含碾压，下同）。列入合同文件的投标辅助资料内容，见表 3-6。

表 3-6　列入合同文件的投标辅助资料内容

填筑方法	土的级别	运距/m	直接费/（元/时）	说明
2.75m³ 铲运机	Ⅲ	300	5.3	（1）单价＝直接费×综合系数，综合系数，取 1.34
	Ⅲ	400	6.4	（2）土的级别调整时，单价须调整，调整系数为：Ⅰ、Ⅱ 类土 0.91，Ⅳ 类土 1.09
	Ⅲ	500	7.5	
1m³ 挖掘机配 5t 自卸汽车	Ⅲ	1000	8.7	
	Ⅲ	2000	10.8	

工程开工后，发包人变更了招标文件中拟定的第一坝段取土区。新取土区的土质为壤土，自然湿密度 1800kg/m³，用锹开挖时需用脚踩。取土区变更后，施工运距由 500m 增加到 1500m。

【问题】

1. 指出本工程的工程等别及规模。根据建筑业企业资质等级标准的有关规定，除水利水电工程施工总承包特级外，满足本工程坝体施工要求的企业资质等级还有哪些？

2. 指出土坝工程施工招标投标实际工作中不符合现行水利工程招标投标有关规定之处，并提出正确做法。

3. 第一坝段取土区变更后，其土方填筑工程单价调整适用的原则是什么？

4. 判断第一坝段新取土区土的级别，简要分析并计算新的土方填筑工程单价。（单位：元/m³，有小数点的，保留到小数点后两位）

模块四　质评与验收

案例一

【背景资料】

某新建排涝泵站采用正向进水方式布置于红河堤后，区域涝水由泵站抽排后通过压力水箱和穿堤涵洞排入红河，涵洞出口设防洪闸挡洪。红河流域汛期为年6~9月份，堤防级别为1级。本工程施工期为19个月，即2011年11月至2013年5月。

施工中发生如下事件：

事件一：第一个非汛期施工的主要工程内容有：①堤身土方开挖、回填；②泵室地基处理；③泵室混凝土浇筑；④涵身地基处理；⑤涵身混凝土浇筑；⑥泵房上部施工；⑦防洪闸施工；⑧进水闸施工。

事件二：穿堤涵洞第五节涵身施工进程中，止水片（带）施工工序质量验收评定见表4-1。

表4-1　止水片（带）施工工序质量验收评定表

单位工程名称			/		工序编号		/
分部工程名称			涵洞工程		施工单位		/
单元工程名称、部位			第5单元		施工日期		/
项次	检验项目		质量标准	检查（测）记录		合格数	合格率
A	1	片（带外观）	表面平整、无乳皮、锈污、油渍、砂眼、钉孔、裂纹等	所有外露的止水片均表面平整、无乳皮、锈污、油渍、砂眼、钉孔、裂纹等		/	/
	2	基座	符合设计要求（按基础面要求验收合格）	6个点均符合设计要求		6	100%
	3	片（带）插入深度	符合设计要求	2个点均符合设计要求		2	100%
	4	沥青井柱	位置准确，牢固，上下层衔接好，电热元件及绝热材料埋设准确，压力表填塞密实	/		/	/
	5	接头	符合工艺要求	15个接头均符合工艺要求		15	100%
B	1	片（带）偏差 宽	允许偏差±5mm	4.5、5.0、3.5、3.0、6.0		4	80%
		片（带）偏差 高	允许偏差±2mm	1.0、2.0、1.5、—3.0、0.5		4	80%
		片（带）偏差 长	允许偏差±20mm	15、17、10、30		3	75%
	2	搭接长度 金属止水片	≥20mm，双面焊接	15、20、23、25		3	75%
		搭接长度 橡胶、PVC止水带	≥100mm	85、95、100、105、105、110、120、115		6	75%
		搭接长度 金属止水片与PVC止水带接头栓接长度	≥350mm（螺栓栓接法）	/		/	/

续表

单位工程名称		/	工序编号		/
B	3	片（带）中心线与接缝中心线安装偏差	允许偏差±5mm	3.0、3.5、4.0	3	100％

（上表继续）

施工单位自评意见	A检验结果C符合本标准的要求；B逐项检验点合格率D，且不合格点不集中分布。工序质量等级评定为：E 　　　　　　　　　　　　　　　××年××月××日
监理单位复核意见	/

事件三：2013年3月6日，该泵站建筑工程通过了合同工程完工验收，项目法人计划于2013年3月26日前完成与运行管理单位的工程移交手续。

事件四：档案验收前，施工单位负责编制竣工图。其中，总平面布置图（图A）图面变更了45％；涵洞出口段挡土墙（图B）由原重力式变更为扶臂式；堤防混凝土预制块护坡（图C）碎石垫层厚度由原设计的10cm变更为15cm。

事件五：2013年4月，泵站全部工程完工。2013年5月底，该工程竣工验收委员会对该泵站工程进行了竣工验收。

【问题】

1. 从安全度汛角度考虑，指出事件一中第一个非汛期最重要的四项工程。

2. 根据《水利水电工程单元工程施工质量验收评定标准—混凝土工程》（SL 632—2012），指出表4-1中A、B、C、D、E所代表的名称或数据。

3. 根据《水利水电工程验收规程》（SL 223—2008），指出并改正事件三中项目法人的计划完成内容的不妥之处。

4. 根据《水利工程建设项目档案管理规定》（水办〔2005〕480号），分别指出事件四中图A、图B、图C三种情况下的竣工图编制要求。

5. 根据《水利水电工程验收规程》（SL 223—2008），指出事件五中不妥之处，并简要说明理由。

案例二

【背景资料】

某水利枢纽由混凝土重力坝、引水隧洞和电站厂房等建筑物组成，最大坝高123m，水库总库容$2 \times 10^8 m^3$，电站装机容量240MW，混凝土重力坝剖面图如图4-1所示。

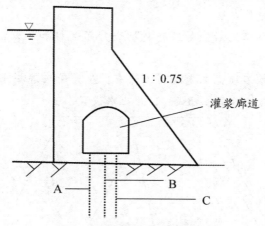

图4-1 混凝土重力坝剖面图

本工程在施工中发生如下事件：

事件一： 施工单位根据《水工建筑物水泥灌浆施工技术规范》（DL/T 5148—2014）和设计图纸编到了帷幕灌浆施工方案，计划三排帷幕孔按顺序A、B、C依次进行灌浆施工；按顺序进行了相应的固结灌浆。

事件二： 在施工质量检验中，钢筋、护坡单元工程，以及溢洪道底板混凝土试件，三个项目抽样检验均有不合格情况。针对上述情况，监理单位要求施工单位《水利水电工程施工质量检验与评定规程》（SL 176—2007），分别进行处理并责成其进行整改。

事件三： 溢洪道单位工程完工后，项目法人主持单位工程验收，并成立了有项目法人、设计、施工、监理等单位组成的验收工作组。经评定，该单位工程施工质量等级为合格，其中工程外观质量得分率为75%。

事件四： 合同工程完工验收后，施工单位及时向项目法人递交了工程质量保修书，保修书中明确了合同工程完工验收情况等有关内容。

【问题】

1. 改正事件一中三排帷幕灌浆施工顺序，简述固结灌浆施工工艺流程。

2. 针对事件二中提到的钢筋、护坡单元工程以及混凝土试件抽样检验不合格的情况，分别说明具体处理措施。

3. 根据事件三，简述该单位工程外观质量评定的程序以及评定组人数。

4. 除合同工程完工验收情况外，工程质量保修书还应包括哪些方面的内容？

案例三

【背景资料】

某大（2）型水利枢纽工程由拦河坝、溢洪道、泄洪隧洞、引水发电隧洞等组成。拦河坝为混凝土面板堆石坝，坝高80m。拦河坝断面示意图如图4-2所示。

施工过程中发生如下事件：

事件一： 施工单位进驻工地后，对石料料场进行了复核和规划，并对堆石料进行了碾压试验。

事件二： 混凝土面板堆石坝施工完成的工作有：A为面板混凝土的浇筑；B为坝基开挖；C为堆石坝填筑；D为垂直缝砂浆条铺设；E为止水设置。

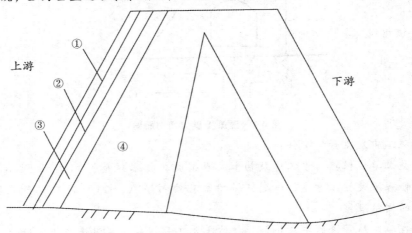

图4-2 拦河坝断面示意图

事件三： 施工单位根据情况，对混凝土按程序进行了浇筑，并核对了其过程中的注意事项。

事件四： 拦河坝单位工程完工后，施工单位向监理单位提出验收申请报告，由项目法人委托监理单位进行了验收。

【问题】

1. 指出图中拦河坝坝体分区中①～④部位的名称。

2. 根据《混凝土面板堆石坝施工规范》（DL/T 5128—2009），指出事件一中堆石体的压实参数。

3. 指出事件二中A、B、C、D、E工作适宜的施工顺序。（用工作代码和箭线表示）

4. 指出事件三中混凝土浇筑的施工过程。

5. 指出事件四中的不妥之处，并说明理由。单位工程验收的验收工作组由哪些单位组成？

案例四

【背景资料】

某枢纽工程主要由大坝、溢洪道、水电站、放水洞等建筑物组成。其中，大坝最大坝高75.0m，坝体为土石坝，该枢纽工程的引水量为$1.5 \times 10^8 m^3$。

在施工过程中发生如下事件：

事件一： 施工单位选用振动碾作为主要碾压机具对大坝进行碾压施工，施工前对料场土料进行了碾压试验，以确定土料填筑压实参数。

事件二： 水电站机组安装时，由于一名吊装工人操作不当，造成吊装设备与已安装好的设备发生碰撞，造成直接经济损失21万元，处理事故延误工期25d，处理后不影响工程正常使用和设备使用寿命。

事件三： 该枢纽工程中水电站安装单位工程完工后，组织了验收：

（1）由监理单位向项目法人提交验收申请报告。

（2）验收工作由质量监督机构主持。

（3）验收工作组由项目法人、设计、监理、施工单位代表组成。

（4）单位工程验收通过后，由项目法人将验收质量结论和相关资料报质量监督机构核备。

【问题】

1. 根据背景资料判定该枢纽工程的工程等别、工程规模以及大坝级别、次要建筑物级别。

2. 事件一中，施工单位进行的碾压试验，需确定哪些压实参数？

3. 根据《水利工程质量事故处理暂行规定》，指出水利工程质量事故分类，说明本工程的质量事故等级。

4. 指出事件三验收中的不妥之处并改正。

案例五

【背景资料】

某小（1）型水库总库容 120 万 m³。加固内容为：大坝加固、重建溢洪道、重建放水涵、新建观测管理设施等。工程于 2011 年 10 月 20 日开工，于 2012 年 4 月 20 日全部完成。

施工过程中发生如下事件：

事件一：主体工程开工前，监理机构组织设计、施工等单位对本工程进行了项目划分，其中大坝加固、重建溢洪道为主要分部工程，坝基防渗、溢洪道地基防渗为重要隐蔽单元工程。分部工程完成后，质量等级由施工单位自评，监理单位核定。

事件二：施工中，施工单位对进场的钢筋取样送公司中心试验室进行了抗拉强度和屈服点试验并出具了试验报告，结论为检验项合格，监理机构审核后同意使用。

事件三：2012 年 5 月 10 日，项目法人主持进行单位工程验收，在施工质量检验与评定的基础上，认为单位工程质量符合优良等级。2012 年 6 月 5 日，应项目法人申请，竣工验收主持单位组织进行了竣工验收，同意单位工程验收质量优良的结论。

【问题】

1. 指出并改正事件一中的不妥之处。

2. 根据事件一，说明如何评定坝基防渗、溢洪道地基防渗单元工程质量等级。

3. 指出并改正事件二中的不妥之处。

4. 指出并改正事件三中的不妥之处，同时说明单位工程验收质量结论的核定单位和程序。

PART

5

全真模拟试卷

学习计划：

《水利水电工程管理与实务》全真模拟试卷（一）

一、单项选择题（共20题，每题1分，每题的备选项中，只有1个最符合题意）

1. 某水库枢纽工程包括大坝、溢洪道等，大坝坝顶构造示意图见下图，其中①和②所代表的部位名称为（ ）。

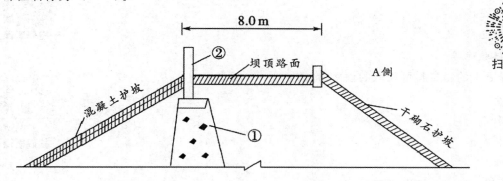

 A. ①为防渗体，②为防浪墙   B. ①为防浪墙，②为防渗体

 C. ①为防渗体，②为护坡   D. ①为排水体，②为防浪墙

2. 为了减小坝体的渗透压力，靠近上游坝面设置排水管幕，排水管间距为（ ）m。

 A. 1～2

 B. 2～3

 C. 2～4

 D. 3～4

3. 扬程是指单位重量的水从泵进口到泵出口所增加的能量，有设计扬程、工作扬程、净扬程。下列说法正确的是（ ）。

 A. 工作扬程总是大于净扬程

 B. 工作扬程总是小于净扬程

 C. 设计扬程总是大于工作扬程

 D. 设计扬程总是小于工作扬程

4. 某土石坝工程施工中，高程超过上游围堰高程时，其相应拦洪库容为 $10 \times 10^7 \text{m}^3$，该坝施工期临时度汛的洪水标准为（ ）年一遇。

 A. 20～50

 B. 50～100

 C. 100～200

 D. 200～300

5. 某基坑开挖地层为黏土和粉质黏土，其适用的排水方法为（ ）。

 A. 明排法   B. 井点法

 C. 管井法   D. 开挖法

6. 砂的粗细程度用细度模数 M_x 表示，粗砂的 M_x 值范围为（   ）。

    A. 3.7～3.1

    B. 3.0～2.3

    C. 2.2～1.6

    D. 1.5～1.0

7. 将金属止水片的接头部分埋在沥青块体中，这种连接方法是（   ）。

    A. 柔性连接

    B. 刚性连接

    C. 接触连接

    D. 非接触连接

8. 碾压混凝土的粗集料可采取的预冷措施是（   ）。

    A. 风冷

    B. 浸水

    C. 喷淋冷水

    D. 加冰

9. 混凝土坝分缝中，下图所示为（   ）。

    A. 竖缝   B. 斜缝

    C. 错缝   D. 通仓浇筑

10. 地下相向开挖的两端在相距（   ）m 以内时，装炮前应通知另一端暂停工作

    A. 15

    B. 50

    C. 40

    D. 30

11. 高处作业的安全网距离工作面的最大高度不超过（   ）m。

    A. 2

    B. 3

    C. 4

    D. 5

12. 后评价阶段对前期工作、建设实施、运行管理等的评价属于（   ）。

    A. 过程评价

    B. 经济评价

    C. 社会影响评价

D. 综合评价

13. 设计单位在施工图设计过程中，对不涉及重大设计原则问题的设计修改意见存在分歧，由（　　）决定。

A. 项目法人   B. 主管部门

C. 主管机关   D. 原初步设计批准机关

14. 根据《水闸安全鉴定管理办法》，运用指标达不到设计标准，工程存在严重损坏，经除险加固后，才能达到正常运行的水闸属于（　　）。

A. 一类闸

B. 二类闸

C. 三类闸

D. 四类闸

15. 水利水电工程施工中，汛期的防洪、泄洪设施的用电负荷属于（　　）。

A. 一类负荷

B. 二类负荷

C. 三类负荷

D. 四类负荷

16. 根据《水利部办公厅关于印发〈水利工程营业税改征增值税计价依据调整办法〉的通知》（办水总〔2016〕132号）结合《水利部办公厅关于调整水利工程计价依据增值税计算标准的通知》（办财务函〔2019〕448号），采用《水利工程施工机械台时费定额》计算施工机械使用费时，施工机械台时费定额的折旧费应除以（　　）的调整系数。

A. 1.09

B. 1.10

C. 1.13

D. 1.15

17. 水利水电工程施工总承包企业资质等级分为（　　）级。

A. 3

B. 4

C. 5

D. 6

18. 若承包人不具备承担暂估价项目的能力或具备承担暂估价项目的能力但明确不参与投标的，由（　　）组织招标。

A. 发包人   B. 承包人

C. 监理人   D. 发包人和承包人

19. 根据《水法》规定，在河道滩地堆放阻碍行洪的物体属于（　　）

A. 禁止性规定

B. 非禁止性规定

C. 限制性规定

D. 非限制性规定

20. 根据《注册建造师执业管理方法（试行）》规定，某水利枢纽工程，其发电装机容量为1000MW，则其项目负责人可以由（　　）担任。

    A. 一级注册建造师（水利水电专业）

    B. 二级注册建造师（水利水电专业）

    C. 一级注册建造师（机电专业）

    D. 一级注册建造师（建筑专业）

二、**多项选择题**（共10题，每题2分，每题的备选项中，有2个或2个以上符合题意，至少有1个错项。错选，本题不得分；少选，所选的每个选项得0.5分）

21. 下列施工放样的方法中，属于高程位置放样方法的有（　　）。

    A. 极坐标法

    B. 轴线交会法

    C. 光电测距三角高程法

    D. 水准测量

    E. 测角后方交会法

22. 钢筋按生产加工工艺的不同可分为（　　）。

    A. 普通低合金钢

    B. 热轧钢筋

    C. 热处理钢筋

    D. 冷拉钢筋

    E. 冷轧钢筋

23. 下列情况适宜采用分期围堰法导流的有（　　）。

    A. 导流流量大，河床宽

    B. 河床中永久建筑物便于布置导流泄水建筑物

    C. 河床覆盖层不厚

    D. 河床覆盖层厚

    E. 一岸具有较宽的台地、垭口或古河道的地形

24. 下列属于防渗体压实控制指标的有（　　）。

    A. 干密度

    B. 含水量

    C. 压实度

    D. 相对密度

    E. 孔隙率

25. 对于土坝土基的开挖与清理，下列说法正确的有（　　）。

    A. 开挖的岸坡应大致平顺

    B. 岸坡应成台阶状

    C. 应留有一定厚度的保护层，填土前进行人工开挖

    D. 清理的对象仅是淤泥

    E. 岸坡上缓下陡时，变坡角应小于20°，岸坡不宜陡于1∶1.5

26. 土石坝土料填筑压实参数不包括（　　）。

   A. 碾压机具重量

   B. 相对密度

   C. 铺土厚度

   D. 碾压遍数

   E. 含水率

27. 某检修桥为现浇板式结构，板厚0.35m，在模板设计强度计算时，除模板和支架自重外还应考虑的基本荷载有（　　）。

   A. 新浇混凝土重量

   B. 钢筋重量

   C. 工作人员及浇筑设备的重量

   D. 振捣混凝土产生的荷载

   E. 新浇筑混凝土的侧压力

28. 根据发改委和水利部2017年组织制定《政府和社会资本合作建设重大水利工程操作指南（试行）》，水利PPP项目移交完成后，政府有关主管部门可组织对项目开展后评价，其内容包括（　　）。

   A. 效率

   B. 效果

   C. 影响

   D. 可持续性

   E. 必要性

29. 下列可以作为专项施工方案的审查论证会的专家组成人员的有（　　）。

   A. 施工单位技术负责人

   B. 项目法人单位负责人

   C. 设计单位项目负责人

   D. 运行管理单位人员

   E. 质量监督机构人员

30. 水利水电工程施工质量评定结论须报质量监督机构核备的有（　　）。

   A. 重要隐蔽单元工程

   B. 关键部位单元工程

   C. 单位工程

   D. 工程外观

   E. 工程项目

三、实务操作和案例分析题（共4题，每题20分）

（一）

【背景资料】

某渠道工程，发包人与承包人签订了施工合同，经总监理工程师批准的施工总进度计划见

图 1-1 （时间单位：d）。合同约定 2019 年 12 月 11 日开工，各项工作均按最早开始时间安排且匀速施工。

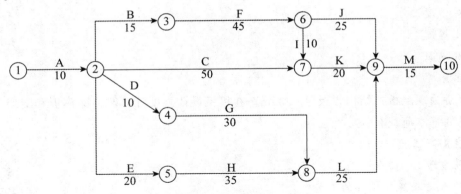

图 1-1　施工总进度计划

施工过程中发生如下事件：

事件一：发包人在 2019 年 12 月 5 日向承包人发出开工通知。承包人以已安装的施工起重机械未通过有资质检验机构的安全验收，需要更换主要支撑部件为由，向监理单位递交了书面申请，请求将开工日期推迟 5d。

事件二：承包人由于人员及材料组织不到位，工程开工后第 33d 上班时工作 F 才开始。为确保按合同工期竣工，承包人决定调整施工总进度计划。经分析，各项未完成工作的赶工费率及可缩短时间见表 1-1。

表 1-1　工作的赶工费率及可缩短时间

工作名称	C	F	G	H	I	J	K	L	M
赶工费率/（万元/d）	0.7	1.2	2.2	0.5	1.5	1.8	1.0	1.0	2.0
可缩短时间/d	8	6	3	5	2	5	10	6	1

事件三：施工总进度计划调整后，工作 L 按期开工。施工合同约定，工作 L 需安装的设备由发包人采购，由于设备到货检验不合格，发包人进行了退换。由此导致承包人吊装机械台班费损失 8 万元，工作 L 拖延 9d。承包人向监理人提出了费用补偿和工程延期申请。

【问题】

1. 指出施工总进度计划的关键线路和总工期。

2. 指出事件一中的不妥之处并说明理由。监理人是否应批准工程推迟开工？说明理由。

3. 事件二中，为使赶工费最少，承包人应如何调整施工总进度计划？赶工费总计多少万元？

4. 事件三中，监理人是否应批准费用补偿和工程延期？分别说明理由。

（二）

【背景资料】

某地下工程在施工过程中，发生如下事件：

事件一：为节约施工成本，施工单位利用现场原有竖井运送施工材料。

事件二：经发包人同意，监理单位人员兼任兼职质量监督员。

扫码听课

事件三：基坑土方开挖到接近设计标高时，总监理工程师发现基坑四周地表出现裂缝，随即向施工单位发出书面通知，要求暂停施工，并要求现场施工人员立即撤离，查明原因后再恢复施工，但施工单位认为地表裂缝属正常现象没有予以理睬。不久，基坑发生严重坍塌，并造成4名施工人员被掩埋，其中3人死亡，1人重伤。事故发生后，施工单位在2小时内快报至水利部。

经事故调查组调查，造成坍塌事故的主要原因是由于地质勘察资料中未标明地下存在古河道，基坑支护设计（合同约定由发包人委托设计单位设计）中未能考虑这一因素。经统计，事故直接经济损失380万元，施工单位要求设计单位赔偿事故损失。

【问题】

1. 指出背景资料中有哪些做法不妥？并说明理由。

2. 根据事件一，说明竖井和斜井运送施工材料或出渣时应遵守哪些规定？

3. 根据《水利部生产安全事故应急预案（试行）》，指出事件三中的事故等级。说明事故快报的内容有哪些？

4. 说明事件三中事故的主要责任单位是谁？说明理由。

（三）

扫码听课

【背景资料】

某行洪区退水闸为大（1）型工程，批复概算约3亿元，某招标代理机构组织了此次招标工作。

事件一：招标文件有关投标保证金的条款如下：

条款1：投标保证金可以银行保函方式提交，以现金或支票方式提交的，必须从其基本账户转出。

条款2：投标保证金应在开标前3天向招标人提交。

条款3：联合体投标的，投标保证金必须由牵头人提交。

条款4：投标保证金有效期从递交投标文件开始，延续到投标有效期满后30天止。

条款5：签订合同5个工作日内，招标人向未中标的投标人退还投标保证金和利息，中标人的投标保证金和利息在扣除招标代理费后退还。

事件二：招标文件完善后进行发售，在规定时间内，投标人递交了投标文件。其中，投标人甲在投标文件中提出将弃渣场清理项目进行分包，并承诺严格管理分包单位，不允许分包单位再次分包，且分包单位项目管理机构人员均由本单位人员担任。经过评标、定标，该投标人中标，与发包人签订了总承包合同，并与分包单位签订了弃渣场清理项目分包合同，约定单价为 12.51 元/m³，相应的单价分析见表1-2。

表1-2 弃渣场清理单价分析表

序号	费用分析	单位	金额	计算方法
1	直接费	元	B	(1) ＋ (2)
(1)	A	元	10.00	1) ＋2) ＋3)
1)	人工费	元	2.00	∑D×人工预算单价
2)	材料费	元	5.00	∑定额材料用量×E

序号	费用分析	单位	金额	计算方法
3)	机械使用费	元	3.00	∑定额机械台时用量×F
(2)	其他直接费	元	0.20	(1)×其他直接费率(2%)
2	间接费	元	C	1×间接费率(8%)
3	利润	元	0.77	(1+2)×利润率(7%)
4	材料补差	元	0.60	(材料预算价格-材料基价)×材料消耗量
5	税金	元	G	(1+2+3+4)×税率
6	工程单价	元	12.51	1+2+3+4+5

事件三：招标阶段，初设批复的管理设施无法确定准确价格，发包人以暂列金额600万元方式在工程量清单中明示列出，并说明若总承包单位未中标，该部分适合分包管理。合同实施期间，发包人对管理设施公开招标，总承包单位参与投标，但未中标，随后发包人与中标人就管理设施签订合同。

事件四：承包人已按发包人要求提交履约保证金，合同支付条款中，工程质量保证金的相关规定如下：

条款1：工程质量保修期间，以现金、支票、汇票方式预留工程质量保证金的，预留总额为工程价款结算总额的5%；以银行保函方式预留工程质量保证金的，预留总额为工程价款结算总额的3%。

条款2：工程质量保修期限内，由于承包人原因造成的缺陷，处理费用超过工程质量保证金数额的，发包人还可以索赔。

条款3：工程质量保修期满时，发包人将在30个工作日内核实后将剩余工程质量保证金及利息退回给承包人。

【问题】

1. 指出并改正事件一中不合理的投标保证金条款。

2. 指出弃渣场清理单价分析表中A、B、C、D、E、F、G分别代表的含义或数值（数值保留两位小数）。

3. 指出事件三中发包人做法的不妥之处，并说明理由。

4. 根据《建设工程质量保证金管理办法》（建质〔2017〕138号）和《水利水电工程标准施工招标文件》（2009版），事件四中，质量保证金条款中不合理的条款有哪些？说明理由。

（四）

【背景资料】

某河道治理工程，包括堤防加固、穿堤建筑物、河道疏浚及堤顶道路等。堤防级别为2级，筑堤土料为黏性土。施工过程中发生如下事件：

事件一：工程开工前，施工单位组织有关单位进行了项目划分，共划分1个单位工程、4个分部工程，单元工程依据《水利水电工程施工质量检验与评定规程》（SL 176—2007）进行划分。

事件二：施工过程中对堤防加固A单元工程质量进行了检验，A单元工程共有2个工序，

扫码听课

其中土料碾压工序1（简称A1）的检验结果为：主控项目（压实度）合格率92%，不合格点的压实度不低于设计值的96%且不集中分布；一般项目合格率为91%。各项报验资料符合规范要求。

事件三：施工过程中对B单元工程质量进行了检验，B单元工程共有5个工序，5个工序全部合格，其中有3个优良，且主要工序达到优良级。各项报验资料符合规范要求。

事件四：单位工程完工后，质量监督机构组织项目法人、监理、设计、施工和工程运行管理等单位对工程外观质量进行了评定，外观质量得分率为79%，且满足其他合同约定的质量标准要求。

事件五：2017年3月6日工程通过了合同工程完工验收，于2017年4月30日项目法人与施工单位完成工程和档案移交手续，同时办理了由项目负责人签字的工程质量保修书。

【问题】

1. 指出事件一中的不妥之处，并说明原因。

2. 评定事件二中A1工序的质量等级，并说明原因。

3. 评定事件三中B单元工程的质量等级，并说明原因。

4. 指出事件四中的不妥之处，并说明理由。根据外观质量得分率为79%，判断该单位工程的质量等级。

5. 指出事件五中的不妥之处并改正。说明质量保修书的内容有哪些？

《水利水电工程管理与实务》全真模拟试卷（二）

一、单项选择题（共20题，每题1分，每题的备选项中，只有1个最符合题意）

1. 下图为挡土墙底板扬压力示意图，图中的 P_F 是指（　　）。

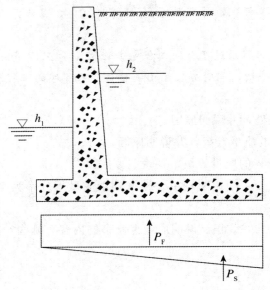

A. 浮托力   B. 静水压力

C. 动水压力   D. 渗透压力

2. 某溢洪道工程控制端建筑物级别为2级，其闸门的合理使用年限为（　　）年。

A. 20

B. 30

C. 50

D. 100

3. 水库最高洪水位以下的静库容是（　　）。

A. 总库容

B. 防洪库容

C. 调洪库容

D. 校核库容

4. 对于普通配合比的结构混凝土，尤其是高强度混凝土，集料粒径最好不大于（　　）。

A. 30mm

B. 40mm

C. 50mm

D. 60mm

5. 导流设计流量是指在导流时段内,按导流标准选择相应洪水重现期的年 (　　) 流量。

　A. 平均

　B. 设计

　C. 校核

　D. 最大

6. 水利水电工程施工中常用土的工程分类,依开挖方法、开挖难易程度等,可分为 4 类。其中土的名称为黏土,该类土为 (　　)。

　A. Ⅰ等

　B. Ⅱ等

　C. Ⅲ等

　D. Ⅳ等

7. 下列关于平面图中的双层钢筋表示中,正确的是 (　　)。

A.　　底层

B.　　底层

C.　　顶层

D.　　顶层

8. 混凝土重力坝浇筑块成型后的偏差,不应超过木模板安装允许偏差的 (　　)。

　A. 20%～30%　　　　　　　　　　　B. 30%～40%

　C. 40%～50%　　　　　　　　　　　D. 50%～100%

9. 在低温季节施工时,混凝土出机口温度应每 (　　) h 测量 1 次。

　A. 1

　B. 2

　C. 3

　D. 4

10. 相对压实度是评价碾压混凝土压实质量的指标,建筑物的内部混凝土相对压实度不得小于 (　　)。

　A. 96%

　B. 97%

　C. 98%

D. 99%

11. 施工现场架设临时性跨越沟槽的便桥和边坡栈桥，人行便桥、栈桥宽度不得小于（   ）m。

    A. 1

    B. 1.2

    C. 1.5

    D. 2.5

12. 根据《水利基本建设项目竣工财务决算编制规程》（SL 19—2014），投资额为 3000 万元的经营性项目在进行竣工决算时，未完工程投资和预留费用的比例不得超过总概算的（   ）。

    A. 3%

    B. 5%

    C. 10%

    D. 15%

13. 水利工程施工招标评标中的综合评估方法包括初步评审和详细评审，下列不属于初步评审的是（   ）。

    A. 形式评审

    B. 资格评审

    C. 施工组织设计评审

    D. 响应性评审

14. 根据《水利水电工程标准施工招标文件》（2009 年版），水利工程施工合同附件不包括（   ）。

    A. 合同协议书

    B. 履约担保

    C. 预付款担保

    D. 质量保证金

15. 某土石坝工程中的某单元工程因碾压不足造成质量问题，下列处理方式符合要求的是（   ）。

    A. 全部返工重作，但只能评定为合格

    B. 可进行加固补强，经鉴定能达到设计要求的，可重新进行质量等级评定

    C. 无论采取何种方式处理，其质量等级只能评定为合格

    D. 造成永久性缺陷的，需进行质量缺陷备案

16. 风险控制应采取经济、可行、积极的处置措施，对于损失小、概率大的风险，宜采取（   ）。

    A. 风险规避

    B. 风险缓解

    C. 风险转移

    D. 风险自留

17. 根据《水利工程建设项目档案管理规定》，"竣工图确认章"应由（   ）加盖。

    A. 建设单位

    B. 施工单位

    C. 监理单位

    D. 档案管理部门

18. 根据《小型水电站建设工程验收规程》（SL 168—2012），小水电工程试生产期限最短为（　　）个月。

    A. 1

    B. 3

    C. 6

    D. 12

19. 根据《水土保持法》，位于省级重点预防保护区的建设项目，其水土流失防治标准执行等级应为（　　）。

    A. 一级

    B. 二级

    C. 三极

    D. 四级

20. 某大（2）型水利枢纽工程，其施工过程中采用的围堰类型为不过水的土石围堰，则其围堰堰顶安全加高最低为（　　）m。

    A. 0.3

    B. 0.4

    C. 0.5

    D. 0.7

二、多项选择题（共 10 题，每题 2 分，每题的备选项中，有 2 个或 2 个以上符合题意，至少有 1 个错项。错选，本题不得分；少选，所选的每个选项得 0.5 分）

21. 下列属于水电站引水建筑物的有（　　）。

    A. 压力前池

    B. 动力渠道

    C. 压力管道

    D. 引水隧洞

    E. 调压室

22. 下列不适用于软土地基处理的方法有（　　）。

    A. 开挖法

    B. 排水法

    C. 帷幕灌浆

    D. 防渗墙

    E. 高压喷射灌浆

23. 下列关于土建图中钢筋图的表示方法，正确的有（　　）。

    A. 钢筋用粗实线表示

    B. 结构轮廓用虚线表示

    C. 钢筋的截面用小黑圆点表示

    D. 钢筋采用编号进行分类

    E. 箍筋尺寸为外皮尺寸，弯起钢筋的弯起高度为内皮尺寸

24. 大体积混凝土监测内容主要包括（　　）。

    A. 原材料温度监测

    B. 混凝土温度监测

    C. 通水冷却监测

    D. 浇筑气温监测

    E. 保温层温度监测

25. 根据《水利工程建设项目管理规定》（水建〔1995〕128号），水利工程初步设计阶段进一步阐明工程的（　　）。

    A. 建设必要性

    B. 技术可行性

    C. 经济合理性

    D. 环境影响可控性

    E. 社会影响可控性

26. 根据《水利水电工程施工安全管理导则》（SL 721—2015），（　　）应定期对专项施工方案实施情况进行巡查。

    A. 总监理工程师

    B. 项目法人单位负责人

    C. 施工单位项目负责人

    D. 施工单位技术负责人

    E. 施工单位安全负责人

27. 下列质量问题中，对工程正常使用和工程寿命均没有影响的有（　　）。

    A. 质量缺陷

    B. 一般质量事故

    C. 较大质量事故

    D. 重大质量事故

    E. 特大质量事故

28. 根据《水电水利工程施工监理规范》（DL/T 5111—2012），监理工程师必须遵守的职业准则包括（　　）。

    A. 守法　　　　　　　　　　B. 诚信

    C. 公正　　　　　　　　　　D. 公平

    E. 科学

29. 在水力侵蚀地区，地方各级人民政府及其有关部门应当组织单位和个人，以天然沟壑及其两侧山坡地形成的小流域为单元，因地制宜地采取（　　）等措施，进行坡耕地和沟道水土流失综合治理。

    A. 工程措施

    B. 植物措施

    C. 防冲措施

    D. 保护性耕作

E. 复垦措施

30. 根据《水工建筑物地下开挖工程施工技术规范》（DL/T 5099—2011），开挖面与衬砌面平行作业时的距离，应根据（ ）确定。

扫码听课

A. 围岩特性

B. 混凝土强度的允许质点震动速度

C. 开挖作业需要的工作空间

D. 开挖作业需要的时间

E. 混凝土衬砌开挖面积

三、实务操作和案例分析题（共 4 题，每题 20 分）

（一）

【背景资料】

某新建水闸工程的部分工程经监理单位批准的施工进度计划见图 2-1（单位：d）。

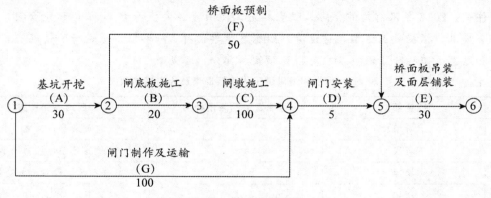

图 2-1　施工进度计划

合同约定：工期提前奖金标准为 20000 元/d，逾期完工违约金标准为 20000 元/d。

事件一：A 工作过程中，发现局部地质条件与发包人提供的勘察报告不符，需进行处理，A 工作的实际工作时间为 34d。

事件二：在 B 工作中，部分钢筋安装质量不合格，承包人按监理人要求进行返工处理，B 工作实际工作时间为 26d。

事件三：由于 A 和 B 工作的延迟，导致 C 工作晚开始 10 天，在 C 工作中，承包人采取赶工措施，进度曲线见图 2-2。

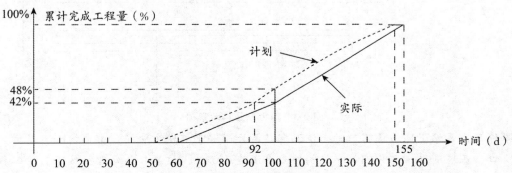

图 2-2　赶工进度曲线

事件四： 由于发包人未能及时提供设计图纸，导致闸门在开工后第145d末才运抵现场。

【**问题**】

1．计算计划总工期，指出关键线路。

2．指出事件一、事件二、事件四的责任方，并分别分析对计划总工期的影响。

3．根据事件三，指出C工作的实际工作持续时间；说明第100d末时C工作实际比计划提前（或拖延）的累计工程量；指出第100d末完成了多少天的赶工任务？

4．综合上述事件，计算实际总工期和承包人可获得的工期补偿天数；计算施工单位因工期提前得到的奖金或因逾期支付的违约金金额。

（二）

扫码听课

【**背景资料**】

某调水枢纽工程主要由泵站、土石坝、溢洪道组成，年调水量 $7.6 \times 10^8 \mathrm{m}^3$。该枢纽工程在施工过程中发生如下事件：

事件一： 2018年汛前，该合同工程基本完工，由于当年汛期水库防汛形势险峻，为确保水库安全度汛，根据度汛方案，建设单位组织参建单位对土坝和溢洪道进行险情巡查，并制定了土坝和溢洪道工程险情巡查及应对措施预案，部分内容见表2-1。

表2-1　土坝和溢洪道工程险情巡查及应对措施预案

序号	巡查部位	可能发生的险情种类	应对措施预案
1	上游坝坡	A	前截后导，临重于背
2	下游坝坡	B	反滤导渗，控制涌水
3	坝顶	C	转移人员、设备、加高抢护
4	坝体	D	快速转移居民，堵口抢筑
5	溢洪道闸门	启闭机螺杆折断或闸门不能启闭	保障电源，抢修启闭设备
6	溢洪道上下游翼墙	墙体前倾或滑移	墙后减载，加强观测

事件二： 溢洪道消力池结构见图2-3，反滤层由小石（5～20mm）、中粗砂和中石（20～40mm）构成。施工单位依据《水闸施工规范》（SL 27—2014）的有关规定，制订了反滤层施工方案和质量检查要点。

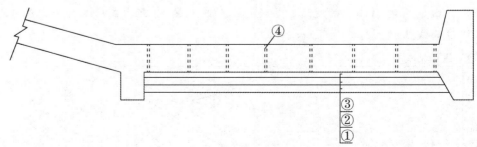

图2-3　消力池结构示意图

事件三： 泵站下部结构施工时正值汛期，某天围堰下游发生管涌，由于抢险不及时，导致围堰决口、基坑进水，部分钢筋和钢构件受水浸泡后锈蚀。该事故经处理虽然不影响工程正常使用，但对工程使用寿命有一定影响。事故处理费用70万元，延误工期40天。

【问题】

1. 根据《水利水电工程等级划分及洪水标准》（SL 252—2017），说明枢纽工程等别、工程规模和主要建筑物级别。

2. 根据本工程具体情况，指出表中 A、B、C、D 分别代表的险情种类，并指出 B 种险情的抢护原则。

3. 根据事件二，指出消力池结构示意图中①、②、③、④代表的填筑材料（或构造）名称；说明反滤层施工质量检查的要点。

4. 根据《水利工程质量事故处理暂行规定》（水利部令第 9 号），说明水利工程质量事故分为哪几类？事件三中的质量事故属于哪类？

（三）

【背景资料】

某水利工程施工招标文件依据《水利水电工程标准施工招标文件》（2009 年版）编制。招投标及合同管理过程中发生如下事件：

事件一：评标方法采用综合评估法。投标报价应不高于最高限价 7000 万元，并不低于最低限价 5000 万元。

招标文件合同部分关于总价子目的计量和支付方面内容如下：

（1）除价格调整因素外，总价子目的计量与支付以总价为基础，不得调整。

（2）承包人应按照工程量清单要求对总价子目进行分解。

（3）总价子目的工程量是承包人用于结算的最终工程量。

（4）承包人实际完成的工程量仅作为工程目标管理和控制进度支付的依据。

（5）承包人应按照批准的各总价子目支付周期对已完成的总价子目进行计量。

某投标人在阅读上述内容时，存在疑问并发现不妥之处，通过一系列途径要求招标人修改完善招标文件，未获解决。为维护自身权益，该投标人依法提出诉讼。

事件二：投标前，该投标人召开了投标策略讨论会，拟采取不平衡报价分析其利弊。会上部分观点如下：

观点一：本工程基础工程结算时间早，其单价可以高报。

观点二：本工程支付条件苛刻，投标报价可高报。

观点三：边坡开挖工程量预计会增加，其单价适当高报。

观点四：启闭机房和桥头堡装饰装修工程图纸不明确，估计修改后工程量要减少，可低报。

观点五：机电安装工程工期宽松，相应投标报价可低报。

事件三：该投标人编制的 2.75m³ 铲运机铲运土单价分析见表 2-2。

表 2-2   2.75m³ 铲运机铲运土单价分析表（Ⅱ类土运距 200m）

定额工作内容：铲装、卸除、转向、洒水、土场道路平整等   （单位：100m³）

序号	工程项目或费用名称	单位	数量	单价/元	合价/元
一	直接费				
（一）	基本直接费				
1	人工费				

续表

序号	工程项目或费用名称	单位	数量	单价/元	合价/元
	初级工	工时	5.2		
2	材料费				
	费用 A	元	10%		
3	机械使用费				
(1)	2.75m³ 拖式铲运机	台时	4.19	10.53	44.12
(2)	机械 B	台时	4.19	80.19	336.00
(3)	机械 C	台时	0.42	95.86	40.26
(二)	其他直接费	元	5%		
二	间接费	元	8%		
三	利润	元	7%		
四	材料补差	元			
五	税金	元	9%		
六	合计				

【问题】

1. 根据事件一，指出投标报价有关规定中的不妥之处；指出并改正总价子目计量和支付内容中的不妥之处。

2. 事件一中，在提出诉讼之前，投标人可通过哪些途径维护自身权益？

3. 事件二中，哪些观点符合不平衡报价适用条件？分析不平衡报价策略的利弊。

4. 指出事件三中费用 A 的名称、计费基础以及机械 B 和机械 C 的名称。

（四）

扫码听课

【背景资料】

某水利枢纽工程由混凝土重力坝、引水隧洞和电站厂房等建筑物组成，最大坝高 150m，水库总库容 $2 \times 10^8 \text{m}^3$，施工过程中发生了如下事件：

事件一：为提高混凝土抗渗性能，施工单位采取振捣密实、养护充分等措施。

事件二：施工单位根据《水利水电工程施工组织设计规范》，根据设计进度计算的高峰月浇筑强度，按照 $P = K_h Q_m / (M \cdot N)$ 计算混凝土系统单位小时生产能力。

事件三：因现有水利水电工程单元工程质量评定标准中无施工导流隧洞的质量标准，施工单位在开工前组织编制了施工导流隧洞工程质量标准，由本工程质量监督机构批准后实施。

事件四：该工程未能按期进行竣工验收，项目法人提前 30 个工作日向竣工验收主持单位提出延期竣工验收专题申请报告。

【问题】

1. 事件一中，为提高混凝土抗渗性能，还可以采取哪些措施？

2. 指出事件二中公式的字母含义。

3. 指出并改正事件三中的不妥之处。

4. 简述延期竣工验收专题申请报告的内容。

参考答案与解析

2F310000　水利水电工程施工技术

2F311000—2F311010

考点 1　土石坝与堤防的构造及作用

1. 【答案】B

【解析】土石坝按坝高可分为低坝、中坝和高坝。我国《碾压式土石坝设计规范》（SL 274—2001）规定：高度在 30m 以下的为低坝；高度在 30～70m 的为中坝；高度超过 70m 的为高坝。

2. 【答案】A

【解析】均质坝断面不分防渗体和坝壳，基本上是由均一的黏性土料（壤土、砂壤土）筑成。

3. 【答案】D

【解析】该题为识图题，考查的是碾压式土石坝的类型。防渗体设在坝体中央的或稍向上游且略微倾斜的坝称为黏土心墙坝。

4. 【答案】B

【解析】土石坝坝顶常设混凝土或浆砌石防浪墙，其墙顶高于坝顶一般为 1.0～1.2m。

5. 【答案】A

【解析】土石坝按坝高可分为低坝、中坝和高坝。根据我国《碾压式土石坝设计规范》（SL 274—2001）规定：高度在 30m 以下的为低坝；高度在 30～70m 之间的为中坝；高度超过 70m 的为高坝。故选项 A 正确。

6. 【答案】CE

【解析】土坝防渗体主要有心墙、斜墙、铺盖、截水墙等，设置防渗设施的作用是：减少通过坝体和坝基的渗流量；降低浸润线，增加下游坝坡的稳定性；降低渗透坡降，防止渗透变形。

7. 【答案】D

【解析】均质坝整个坝体就是一个防渗体，所以均质土坝的防渗体是坝体本身。

8. 【答案】A

【解析】防渗体顶与坝顶之间应设有保护层，厚度不小于该地区的冰冻或干燥深度，同时按结构要求不宜小于 1m。

9. 【答案】A

【解析】黏性土心墙一般布置在坝体中部，有时稍偏上游并略为倾斜。

10. 【答案】D

【解析】黏性土心墙和斜墙顶部水平厚度一般不小于 3m，以便于机械化施工。防渗体顶与坝顶之间应设有保护层，厚度不小于该地区的冰冻或干燥深度，同时按结构要求不宜小于 1m。

11. 【答案】D

【解析】草皮护坡不能用于土坝上游。

12. 【答案】D

【解析】坝坡排水时，如坝较长则应沿坝轴线方向每隔 50～100m 设一横向排水沟，以便排除雨水。

13. 【答案】A

【解析】土坝排水中，贴坡排水不能降低浸润线。

14. 【答案】C

【解析】本题考查的是堤防的构造。选项 A 说法正确，土质堤防的构造与作用和土石坝类似，包括堤顶、堤坡与戗台、护坡与坡面排水、防渗与排水设施、防洪墙等。选项 B 说法正确，堤高超过 6m 的背水坡宜设戗台，宽度不宜小于1.5m。选项C说法错误，堤防防渗体的顶高程应高出设计水位0.5m。选项D说法正确，风浪大的海堤、湖堤临水侧宜设置消浪平台。

15.【答案】ABDE

【解析】堤防构造的防渗材料可采用黏土、混凝土、沥青混凝土、土工膜等材料。干砌石不能作为防渗材料，故选项C错误。

考点 **2** 混凝土坝的构造及作用

1.【答案】ABE

【解析】重力坝按坝体的结构分为实体重力坝、空腹重力坝和宽缝重力坝；按筑坝材料分为混凝土重力坝和浆砌石重力坝。重要的重力坝及高坝大都用混凝土浇筑，中低坝可用浆砌块石砌筑。故选项A、B、E正确，选项C、D错误。

2.【答案】D

【解析】为了便于检查坝体和排除坝体渗水，在靠近坝体上游面沿高度每隔15～30m设一检查兼作排水用的廊道。

3.【答案】D

【解析】计算截面上的扬压力代表值，应根据该截面上的扬压力分布图形计算确定。其中，矩形部分的合力为浮托力代表值，其余部分的合力为渗透压力代表值。

4.【答案】ABD

【解析】扬压力包括上浮力及渗流压力。

5.【答案】B

【解析】平板坝是支墩坝中最简单的形式。

6.【答案】A

【解析】拱坝的轴线为弧形，能将上游的水平水压力变成轴向压应力传向两岸，主要依靠两岸坝肩维持其稳定性。拱坝是超静定结构，有较强的超载能力，受温度的变化和坝肩位移的影响较大。

考点 **3** 水闸的组成及作用

1.【答案】B

【解析】胸墙作用是挡水，以减小闸门的高度。跨度在5m以下的胸墙可用板式结构，超过5m跨度的胸墙用板梁式结构；胸墙与闸墩的连接方式有简支和固结两种。工作桥的作用是安装启闭机和供管理人员操作启闭机之用，为钢筋混凝土筒支梁或整体板梁结构。闸墩的作用主要是分隔闸孔，支承闸门、胸墙、工作桥及交通桥等上部结构。底板按结构形式，可分为平底板、低堰底板和反拱底板，工程中用得最多的是平底板。

2.【答案】A

【解析】铺盖的作用主要是延长渗径长度以达到防渗目的，应该具有不透水性，同时兼有防冲功能。此题主要考查作用，故选项A正确。

3.【答案】ACD

【解析】水闸上游铺盖常用材料有黏土、沥青混凝土、钢筋混凝土等，以钢筋混凝土铺盖最为常见。

4.【答案】A

【解析】海漫构造要求：表面粗糙，能够沿程消除余能；透水性好，以利渗流顺利排出；具有一定的柔性，能够适应河床变形。

5.【答案】C

【解析】重力式翼墙依靠自身的重量维持稳定性，材料有浆砌石或混凝土，适用于地基承载力较高、高度在5～6m以下的情况，在中小型水闸中应用很广。

6.【答案】A

【解析】橡胶坝中比较常用的是袋式坝。

考点 **4** 泵站的布置及水泵的分类

1.【答案】B

【解析】本题考查的是水泵的分类。选项A、C、D错误，叶片泵按工作原理的不同，可分为离心泵、轴流泵和混流泵三种。选项B正确，水泵按工作原理可分为叶片泵、容积泵和其他类型泵。

2.【答案】D

【解析】本题考查的是叶片泵的分类。选项A错误，离心泵按其基本结构、形式特征分为单级单吸式离心泵、单级双吸式离心泵、多级式离心泵以及自吸式离心泵。选项B、C错误，轴流泵按主轴方向又可分为立式泵、卧式泵和斜式泵。选项D正确，混流泵按结构形式分为蜗壳式和导叶式。

3.【答案】AB

【解析】水泵内的能量损失可分三部分，即水力损失、容积损失和机械损失。

4.【答案】D

【解析】泵壳中水流的撞击、摩擦造成的能量损失属于水力损失。

5.【答案】A

【解析】泵的工作扬程总是大于实际扬程（净扬程）。

6.【答案】ABDE

【解析】由叶片泵、动力机、传动设备、管路及其附件构成的能抽水的系统称为叶片泵抽水装置。

7.【答案】B

【解析】离心泵启动前泵壳和进水管内必须充满水。

8.【答案】CE

【解析】本题考查的是叶片泵性能参数。

选项A说法正确，水泵铭牌上的扬程是设计扬程。

选项B说法正确，水泵铭牌上的效率是最高效率。

选项C说法错误，用来确定泵的安装高程的是允许吸上真空高度或必需汽蚀余量。

选项D说法正确，水泵铭牌上的扬程是额定扬程。

选项E说法错误，水泵铭牌上的效率是对应于通过设计流量时的效率。

故本题选项C、E说法不正确。

考点 5　水电站的组成及作用

1.【答案】A

【解析】本题考查的是水电站的组成。

选项A正确，无压进水口一般设在河流的凹岸，由进水闸、冲砂闸、挡水坝和沉砂池

组成。

选项B、C、D错误，有压进水口的特征是进水口高程在水库死水位以下，有竖井式进水口、墙式进水口、塔式进水口和坝式进水口等几种。

2.【答案】B

【解析】调压室的基本要求：尽量靠近厂房以缩短压力管道的长度；有自由水面和足够的底面积以充分反射水击波；有足够的断面积使调压室水体的波动迅速衰减以保证工作稳定；正常运行时，水流经过调压室底部造成的水头损失要小。

考点 6　渠系建筑物的构造及作用

1.【答案】A

【解析】小型渡槽一般采用简支梁式结构，截面采用矩形。

2.【答案】B

【解析】水头较低的管身采用混凝土（水头在4～6m以内）或钢筋混凝土（水头在30m左右），水头较高的管身采用铸铁或钢管（水头在30m以上）。

3.【答案】ACDE

【解析】本题考查的是涵洞的构造。

选项A正确，圆形管涵可适用于有压或小型无压涵洞。

选项B错误，盖板涵洞适用于小型无压涵洞。

选项C正确，有压涵洞各节间的沉降缝应设止水。

选项D正确，为防止洞身外围产生集中渗流可设截水环。

选项E正确，拱涵一般用于无压涵洞。

考点 7　水工建筑物等级划分

1.【答案】B

【解析】水工建筑物等级划分，由等别确定次要建筑物级别，Ⅱ等工程对应的次要建筑物级别为3级。

2.【答案】C

【解析】年引水量在（＜1，≥0.3）$10^8\ m^3$ 范围的工程对应的工程等别是Ⅳ等，本题是 $0.8\times10^8\ m^3$，故答案为选项C。

3.【答案】B

【解析】根据水利水电工程等别分等指标表，当灌排泵站承担的工程任务为灌溉时，按其灌溉面积确定工程等别，当灌溉面积为50～150万亩时，其工程等别为Ⅱ等。

4.【答案】A

【解析】对于同时分属于不同级别的临时性水工建筑物，其级别应按照其中最高级别确定。但对于3级临时性水工建筑物，符合该级别规定的指标不得少于两项。

5.【答案】A

【解析】穿越堤防的永久性水工建筑物的级别，不应低于相应堤防的级别。

6.【答案】C

【解析】堤防工程的级别应按照《堤防工程设计规范》（GB 50286—2013）确定。堤防工程的防洪标准主要由防洪对象的防洪要求而定。堤防工程的级别根据堤防工程的防洪标准确定，见下表。

防洪标准/ （重现期/年）	堤防工程的级别
≥100	1
＜100且≥50	2
＜50，且≥30	3
＜30，且≥20	4
＜20，且≥10	5

7.【答案】D

【解析】总库容为 $1\times10^8\sim10\times10^8\ m^3$ 的水库工程规模为大（2）型。

8.【答案】C

【解析】本题考查的是水利枢纽工程的规模。

选项A错误，当装机容量＞1200MW时，其工程规模为大（1）型。

选项B错误，当装机容量＜1200MW，＞300MW时，其工程规模为大（2）型。

选项C正确，根据水利水电工程等别分等指标表，当装机容量＜300MW，＞50MW时，其工程规模为中型。

选项D错误，当装机容量＜50MW，＞10MW时，其工程规模为小（1）型；当装机容量＜10MW时，其工程规模为小（2）型。

9.【答案】C

【解析】水利水电工程施工期使用的临时性挡水、泄水建筑物的级别，应根据保护对象、失事后果、使用年限和临时性挡水建筑物规模划分，详见下表。

级别	保护对象	失事后果	使用年限/年	临时性挡水建筑物规模	
				围堰高度/m	库容/$10^8\ m^3$
3	有特殊要求的1级永久性水工建筑物	淹没重要城镇、工矿企业、交通干线或推迟工程总工期及第一台（批）机组发电，推迟工程发挥效益，造成重大灾害和损失	＞3	＞50	＞1.0

续表

级别	保护对象	失事后果	使用年限/年	临时性挡水建筑物规模	
				围堰高度/m	库容/10^8 m³
4	1、2级永久性水工建筑物	淹没一般城镇、工矿企业或影响工程总工期及第一台（批）机组发电，推迟工程发挥效益，造成较大经济损失	≤3，≥1.5	≤50，≥15	≤1.0，≥0.1
5	3、4级永久性水工建筑物	淹没基坑、但对总工期及第一台（批）机组发电影响不大，对工程发挥效益影响不大，经济损失较小	<1.5	<15	<0.1

考点 8 围堰及水工大坝施工期洪水标准

1. **【答案】** C

【解析】 根据临时性水工建筑物洪水标准，该水利工程土石围堰级别为4级，则相应围堰洪水标准应为20～10年一遇。

坝型	拦洪库容/10^8 m³			
	≥10	<10，≥1.0	<1.0，≥0.1	<0.1
土石坝/（重现期/年）	≥200	200～100	100～50	50～20
混凝土坝、浆砌石坝/（重现期/年）	≥100	100～50	50～20	20～10

3. **【答案】** D

【解析】 根据水库大坝施工期洪水标准表，当混凝土坝拦洪库容<10，≥1.0（10^8 m³）时，其洪水标准为100～50年（重现期）。

考点 9 水库与堤防的特征水位

1. **【答案】** C

【解析】 本题考查的是堤防工程特征水位。

选项A、B错误，设防水位也叫防汛水位，是开始组织人员防汛的水位。

选项C正确，当水位达到设防水位后继续上升到某一水位时，防洪堤随时可能出险，防汛人员必须迅速开赴防汛前线，准备抢险，这一水位称为警戒水位。

选项D错误，保证水位即堤防的设计洪水位，河道遇堤防的设计洪水时在堤前达到的最高水位。

2. **【答案】** B

【解析】 本题考查的是水库的特征水位。

2. **【答案】** B

【解析】 当水库大坝施工高程超过临时性挡水建筑物顶部高程时，坝体施工期临时度汛的洪水标准，应根据坝型及坝前拦洪库容，按水库大坝施工期洪水标准表确定：

选项A错误，防洪高水位是水库遇下游保护对象的设计洪水时在坝前达到的最高水位。

选项B正确，正常蓄水位是水库在正常运用的情况下，为满足设计的兴利要求在供水期开始时应蓄到的最高水位。

选项C错误，防洪限制水位（汛前限制水位）是水库在汛期允许兴利的上限水位，也是水库汛期防洪运用时的起调水位。

选项D错误，警戒水位是堤防工程特征水位，当水位达到设防水位后继续上升到某一水位时，防洪堤随时可能出险，防汛人员必须迅速开赴防汛前线，准备抢险，这一水位称警戒水位。

3. **【答案】** D

【解析】 本题考查的是水库特征水位。

选项A错误，校核洪水位是水库遇大坝的校核洪水时在坝前达到的最高水位。

选项 B 错误，正常蓄水位（正常高水位、设计蓄水位、兴利水位）是水库在正常运用的情况下，为满足设计的兴利要求在供水期开始时应蓄到的最高水位。

选项 C 错误，防洪限制水位（汛前限制水位）是水库在汛期允许兴利的上限水位，也是水库汛期防洪运用时的起调水位。

选项 D 正确，防洪高水位是水库遇下游保护对象的设计洪水位时在坝前达到的最高水位。

考点 10 工程合理使用年限

1.【答案】C

【解析】堤防工程保护对象的防洪标准为 30 年一遇时，属于 ≥30 范围内，其级别为 3 级，则堤防的合理使用年限为 50 年。

2.【答案】B

【解析】淡水水位变化区、有轻度化学侵蚀性地下水的地下环境、海水水下区的环境类别属于三类。

2F311000—2F311020

考点 1 水工建筑物的工程地质和水文地质条件

1.【答案】B

【解析】该题为识图题，考查的是断层的分类。

选项 A 错误，上盘下降、下盘上升的断层，称正断层。

选项 B 正确，上盘向上、下盘向下为逆断层。

选项 C 错误，两断块水平互错，称为平移断层。

选项 D 错误，按断块之间的相对错动方向

2.【答案】C

【解析】1 级、2 级永久性水工建筑物中闸门的合理使用年限应为 50 年，其他级别的永久性水工建筑物中闸门的合理使用年限应为 30 年。

3.【答案】C

【解析】水库库容为 $5 \times 10^7 \, m^3$ 时，属于 $(0.1 \sim 1) \times 5 \times 10^8 \, m^3$ 范围内，其工程等别为 Ⅲ 等，则其工程合理使用年限为 50 年。

考点 11 耐久性设计要求

1.【答案】AE

【解析】对于合理使用年限为 50 年的水工结构，配筋混凝土耐久性的基本要求宜符合下表的要求。

环境类别	混凝土最低强度等级	最小水泥用量 / (kg/m³)	最大水胶比	最大氯离子含量/%	最大碱含量 / (kg/m³)
一	C20	220	0.60	1.0	不限制
二	C25	260	0.55	0.3	3.0
三	C25	300	0.50	0.2	3.0
四	C30	340	0.45	0.1	2.5
五	C35	360	0.40	0.06	2.5

划分，断层可分为正断层、逆断层和平移断层三类。

2.【答案】A

【解析】地形是指地表形态、高程、地势高低、山脉水系、自然景物、森林植被以及人工建筑物分布等，常以地形图予以综合反映。地貌主要指地表形态的成因、类型，发育程度以及各种起伏状态等，常以地貌图予以反映。

3.【答案】B

【解析】地质构造（或岩层）在空间的位置叫做地质构造面或岩层层面的产状。

4.【答案】B

【解析】井点法降水的适用条件：

(1) 黏土、粉质黏土、粉土的地层。

(2) 基坑边坡不稳，易产生流土、流砂、管涌等现象。

（3）地下水位埋藏小于 6.0m，宜用单级真空点井；当大于 6.0m 时，场地条件有限宜用喷射点井、接力点井；场地条件允许宜用多级点井。

考点 2　常用测量仪器与测量误差

1.【答案】AE

【解析】本题考查的是施工放样。

选项 A、E 正确，外界条件的影响包括仪器升降的误差、尺垫升降的误差、地球曲率的影响、大气折光的影响等。

选项 B、D 错误，整平误差、估读误差属于观察误差。

选项 C 错误，对光误差属于仪器误差。

2.【答案】B

【解析】D、S 分别为"大地测量"和"水准仪"的汉语拼音第一个字母，数字 3 表示该仪器精度，即 DS3 型水准仪每公里往返高差测量的偶然中误差为±3mm。

3.【答案】C

【解析】本题考查的是测量误差的分类。

选项 A 错误，在相同的观测条件下，对某一量进行一系列的观测，如果出现的误差在符号和数值大小上都相同，或按一定的规律变化，这种误差称为"系统误差"。

选项 B 错误，在相同的观测条件下，对某一量进行一系列的观测，如果误差出现的符号和数值大小都不相同，从表面上看没有任何规律性，这种误差称为"偶然误差"。

选项 C 正确，由于观测者粗心或者受到干扰而产生的错误称为"粗差"。

选项 D 错误，误差按其产生的原因和对观测结果影响性质的不同，可以分为系统误差、偶然误差和粗差三类。

考点 3　施工放样

1.【答案】A

【解析】地图上任一线段的长度与地面上相应线段水平距离之比，称为地图的比例尺。

2.【答案】ABE

【解析】本题考查的是施工放样。

选项 A、B、E 正确，平面位置的放样方法包括极坐标法、轴线交会法、两点角度前方交会法、测角侧方交会法、单三角形法、测角后方交会法、三点测角前方交会法、测边交会法、边角交会法。

选项 C、D 错误，因光电测距三角高程法和水准测量属于高程放样方法。

3.【答案】CD

【解析】本题考查的是施工放样。

选项 A、B、E 错误，极坐标法、轴线交会法和测角后方交会法属于平面位置放样方法。

选项 C、D 正确，高程放样方法包括：水准测量、光电测距三角高程法、GPS－RTK 高程测量法等。

4.【答案】A

【解析】地形图比例尺分为三类：1∶500、1∶1000、1∶2000、1∶5000、1∶10000 为大比例尺地形图；1∶25000、1∶50000、1∶100000 为中比例尺地形图；1∶250000、1∶500000、1∶1000000 为小比例尺地形图。

2F311000—2F311030

考点 1　建筑材料的类型和特性

1.【答案】A

【解析】胶凝材料主要有石膏、石灰、水玻璃、水泥、沥青等。

2.【答案】A

【解析】抗冻等级 F 表示，如 F50 表示材料抵抗 50 次冻融循环，而强度损失未超过 25％，质量损失未超过 5％。

3.【答案】B

【解析】本题考查的是建筑材料的基本性质。

选项 A 错误，材料与水接触时，根据其是否能被水润湿，分为亲水性和憎水性材料两大类。亲水性材料包括砖、混凝土等；憎水性材料如沥青等。

选项 B 正确，材料在潮湿的空气中吸收空气中水分的性质称为吸湿性。

选项C错误，材料长期在饱和水作用下不被破坏，其强度也不显著降低的性质称为耐水性。

选项D错误，材料在水中吸收水分的性质称为吸水性。

4.【答案】D

【解析】空隙率是指粉状或颗粒状材料在某堆积体积内，颗粒之间的空隙体积所占的比例。

5.【答案】C

【解析】填充率是指粉状或颗粒状材料在某堆积体积内，被其颗粒填充的程度。

考点 2　混凝土的分类和质量要求

1.【答案】B

【解析】本题考查的是混凝土集料的分类和质量要求。

选项A错误，粗砂的细度模数范围为3.7～3.1。

选项B正确，中砂的细度模数范围为3.0～2.3。

选项C错误，细砂的细度模数范围为2.2～1.6。

选项D错误，特细砂的细度模数范围为1.5～0.7。

2.【答案】B

【解析】砂按技术要求分为Ⅰ类、Ⅱ类、Ⅲ类。Ⅰ类宜用于强度等级大于C60的混凝土；Ⅱ类宜用于强度等级为C30～C60及有抗冻、抗渗或其他要求的混凝土；Ⅲ类宜用于强度等级小于C30的混凝土和砂浆配制。

3.【答案】B

【解析】当混凝土集料用量一定时，其比表面积随着粒径的增大而减小。

4.【答案】A

【解析】砂的颗粒级配和粗细程度常用筛分析的方法进行测定。

5.【答案】B

【解析】砂的粒径范围为0.15～4.75mm。

6.【答案】A

【解析】计算普通混凝土配合比时，一般以干燥状态的集料为基准，而大型水利工程计算混凝土配合比时，一般集料以饱和面干状态为基准状态。

7.【答案】B

【解析】本题考查的是混凝土的分类和质量要求。

按混凝土表观密度的大小可分为重混凝土（干表观密度大于2800kg/m³）、普通混凝土（干表观密度在2000～2800kg/m³）、轻混凝土（干表观密度小于2000kg/m³）。故选项A、C、D错误，选项B正确。

8.【答案】B

【解析】入仓铺料时为避免砂浆流失、集料分离，此时宜采用低坍落度混凝土。

9.【答案】C

【解析】本题考查的是混凝土的分类和质量要求。

按坍落度大小，将混凝土拌合物分为：

低塑性混凝土（坍落度为10～40mm）；

塑性混凝土（坍落度为50～90mm）；

流动性混凝土（坍落度为100～150mm）；

大流动性混凝土（坍落度≥160mm）。

故选项A、B、D错误，选项C正确。

考点 3　胶凝材料的分类和用途

1.【答案】ABD

【解析】石灰的特点为可塑性好、强度低、耐水性差和体积收缩大。

2.【答案】BCDE

【解析】水玻璃是一种碱金属硅酸盐水溶液，俗称"泡花碱"。水玻璃通常可作为灌浆材料、涂料、防水剂、耐酸材料、耐热材料和粘合剂来使用。

3.【答案】C

【解析】铝酸盐水泥用于钢筋混凝土时，钢筋保护层的厚度不得小于60mm。

4.【答案】A

【解析】本题考查的是胶凝材料的分类和

用途。

选项 A 正确，水硬性胶凝材料不仅能在空气中硬化，而且能更好地在潮湿环境或水中硬化、保持并继续发展其强度，如水泥。

选项 B 错误，气硬性胶凝材料只能在空气中硬化，如石灰、水玻璃。

选项 C 错误，胶凝材料根据其化学组成可分为有机胶凝材料和无机胶凝材料，沥青属于有机胶凝材料。

选项 D 错误，合成高分子材料有塑料、涂料、胶粘剂等。

5.【答案】A

【解析】回填灌浆、固结灌浆和帷幕灌浆所用水泥的强度等级应不低于 32.5，坝体接缝灌浆、各类接触灌浆所用水泥的强度等级应不低于 42.5。

6.【答案】A

【解析】粉煤灰曾是火力发电厂磨细煤粉燃烧后的废弃物，是混凝土中应用最广泛的掺合料。

考点 4　外加剂的分类和应用

1.【答案】A

【解析】改善混凝土拌合物流动性能的外加剂包括：减水剂、引气剂和泵送剂，缓凝剂主要调节混凝土的凝结时间，故选项 A 正确。

2.【答案】ABD

【解析】调节混凝土凝结时间和硬化性能的外加剂是缓凝剂、早强剂和泵送剂。引气剂和减水剂属于改善混凝土流动性能的外加剂。

3.【答案】ABC

【解析】缓凝剂具有缓凝、减水和降低水化热等作用，对钢筋也无锈蚀作用。

4.【答案】CE

【解析】外加剂掺加方法：外加剂掺量很少，必须保证其均匀度，一般不能直接加入混凝土搅拌机内。对于可溶水的外加剂，应先配成一定浓度的水溶液，随水加入搅拌机；对不溶于水的外加剂，应与适量水泥或砂混合

均匀后加入搅拌机内。根据以上内容可知，本题只有选项 C、E 正确。

考点 5　钢材的分类和应用

1.【答案】A

【解析】本题考查的是钢筋的分类。

选项 A 正确，高碳钢含碳量 $0.60\% \sim 1.40\%$。

选项 B 错误，中碳钢含碳量 $0.25\% \sim 0.60\%$。

选项 C 错误，低碳钢含碳量小于 0.25%。

选项 D 错误，根据含碳量的不同将碳素钢分为低碳钢、中碳钢和高碳钢三类。

2.【答案】BCDE

【解析】按生产加工工艺分类，钢筋可分为带肋钢筋、热处理钢筋、冷拉钢筋和冷轧钢筋四类。

3.【答案】A

【解析】普通低合金钢合金元素总含量小于 5%。

4.【答案】A

【解析】题中图示为有物理屈服点钢筋的典型应力-应变曲线，其中 b 表示屈服强度。

5.【答案】DE

【解析】反映钢筋塑性性能的基本指标是伸长率和冷弯性能。有物理屈服点的钢筋的屈服强度是钢筋强度的设计依据。钢筋的极限强度是检验钢筋质量的另一强度指标。无物理屈服点的钢筋由于其条件屈服点不容易测定，因此这类钢筋的质量检验以极限强度作为主要强度指标。

6.【答案】BCDE

【解析】本题考查的是钢筋的主要力学性能。屈服强度、极限强度、伸长率和冷弯性能是有物理屈服点钢筋进行质量检验的四项主要指标，而对无物理屈服点的钢筋则只测定后三项。HRB400 属于热轧钢筋，有物理屈服点，故选项 B、C、D、E 正确。

7.【答案】D

【解析】本题考查的是混凝土结构用钢材。

选项 A 错误，HPB 表示热轧光圆钢筋。

选项 B 错误，HRB 表示热轧带肋钢筋。

选项 C 错误，冷拉 I 级钢筋适用于非预应力
受拉钢筋。

选项 D 正确，RRB 表示余热处理钢筋。

考点 6　土工合成材料的分类和应用

1.【答案】B

【解析】本题考查的是土工合成材料的分类
和应用。

选项 A 错误，土工织物是透水性土工合成
材料，不适用于堤防、土石坝防渗。

选项 B 正确，土工膜是透水性极低的土工合
成材料，可用于堤防、土石坝防渗。

选项 C 错误，渗水软管用于排水工程。

选项 D 错误，土工格栅用于土体加筋。

2.【答案】C

【解析】土工特种材料包括土工格栅、土工
网、土工模袋、土工格室、土工管、土工
包、土工合成材料黏土垫层。软式排水管属
于土工复合材料，故本题选项 C 符合题意。

2F312000—2F312010

考点 1　导流标准与导流方式

1.【答案】C

【解析】导流标准主要包括导流建筑物级别、
导流建筑物设计洪水标准、施工期临时度汛
洪水标准和导流泄水建筑物封堵后坝体度汛
洪水标准等。

2.【答案】AD

【解析】当水库大坝施工高程超过临时性挡
水建筑物顶部高程时，坝体施工期度汛
的洪水标准，应根据坝型及坝前拦洪库容确
定。故选项 A、D 正确。

3.【答案】C

【解析】本题考查的是导流标准。导流建筑
物应根据其保护对象、失事后果、使用年限
和工程规模划分为 3～5 级。

4.【答案】C

【解析】明渠导流是在河岸上开挖渠道，在
基坑的上下游修建横向围堰，河道的水流经

渠道下泄。

5.【答案】ABCD

【解析】导流时段的确定，与河流的水文特
征、主体建筑物的布置与形式、导流方案、
施工进度有关。故选项 A、B、C、D 正确。

6.【答案】D

【解析】通过建筑物导流的主要方式包括设
置在混凝土坝体中的底孔导流，混凝土坝体
上预留缺口导流、梳齿孔导流，平原河道上
低水头河床式径流电站可采用厂房导流等。
这种导流方式多用于分期导流的后期阶段。

7.【答案】DE

【解析】分期导流一般适用于下列情况：
①导流流量大，河床宽，有条件布置纵向围
堰；②河床中永久建筑物便于布置导流泄水
建筑物；③河床覆盖层不厚。故选项 D、E
符合题意。

8.【答案】C

【解析】本题考查的是一次拦断河床围堰
导流。

选项 A、B 错误，初期导流为围堰挡水阶
段，水流由导流泄水建筑物下泄。

选项 C 正确，中期导流为坝体临时挡水阶
段，坝体填筑高度超过围堰堰顶高程，洪水
由导流泄水建筑物下泄，坝体满足安全度汛
条件。

选项 D 错误，后期导流为坝体挡水阶段，
导流泄水建筑物下闸封堵，水库开始蓄水，
永久泄水建筑物尚未具备设计泄流能力。

9.【答案】D

【解析】隧洞导流适用于河谷狭窄、两岸地
形陡峻、山岩坚实的山区河流。

考点 2　围堰及基坑排水

1.【答案】D

【解析】装配式钢板桩格型围堰适用于在岩
石地基或混凝土基座上建造，其最大挡水水
头不宜大于 30m；打入式钢板桩围堰适用于
细砂砾石层地基，其最大挡水水头不宜大
于 20m。

2. 【答案】B

【解析】混凝土围堰宜建在岩石地基上。混凝土围堰的特点是挡水水头高，底宽小，抗冲能力大，堰顶可溢流。

3. 【答案】A

【解析】下游围堰的堰顶高程由下式决定：$H_d = h_d + h_a + \delta$。式中，H_d——下游围堰的堰顶高程（m）；h_d——下游水位高程（m），可以直接由原河流水位流量关系曲线中找出；h_a——波浪爬高（m）；δ——围堰的安全超高（m），一般对于不过水围堰可按规定选择，对于过水围堰可不予考虑。所以下游围堰堰顶高程 = 30.4 + 0.5 + 1.0 = 31.9（m）。

考点 3　汛期施工险情判断与抢险技术

1. 【答案】D

【解析】本题考查的是漏洞险情进水口的探测。

漏洞险情进水口的探测方法包括：

(1) 投放颜料观察水色。

(2) 潜水探漏。漏洞进水口如水深流急，水面看不到漩涡，则需要潜水探摸。

(3) 水面观察。可以在水面上撒一些漂浮物，如纸屑、碎草或泡沫塑料碎屑，若发现这些漂浮物在水面打漩或集中在一处，即表明此处水下有进水口。

故选项A、B、C正确。仪器探测不属于漏洞险情进水口的探测方法，选项D符合题意。

2. 【答案】B

【解析】本题考查的是漏洞的抢护方法。

漏洞险情的抢护方法包括：塞堵法、盖堵法和戗堤法（选项D排除）。

(1) 塞堵法。塞堵漏洞进口是最有效常用的方法，适用于洞口少的情况。

(2) 盖堵法。当洞口较多且较为集中，逐个堵塞费时且易扩展成大洞时适合用盖堵法。

(3) 戗堤法。当堤坝临水坡漏洞口多而小，且范围又较大时，在黏土料备料充足的情况

下，可采用抛黏土填筑前戗或临水筑子堤的办法进行抢堵。

综上，选项B符合题意。

3. 【答案】C

【解析】管涌险情抢护时，围井内必须用透水料铺填，切忌用不透水材料。

4. 【答案】C

【解析】本题考查的是管涌险情抢护方法。

选项A错误，盖堵法是漏洞险情的抢护方法。

选项B错误，戗堤法也是漏洞险情的抢护方法。

选项C正确，反滤围井适用于发生在地面的单个管涌或管涌数目虽多但比较集中的情况。

选项D错误，在出现大面积管涌或管涌群时，如果料源充足，可采用反滤层压盖的方法。

5. 【答案】B

【解析】漫溢险情抢护时，各种子堤的外脚一般都应距围堰外肩 0.5～1.0m。

2F312000—2F312020

考点 1　截流方式

1. 【答案】A

【解析】平堵是先在龙口建造浮桥或栈桥，由自卸汽车等运输工具运来抛投料，沿龙口前沿投抛。

2. 【答案】B

【解析】立堵法截流一般适用于大流量、岩基或覆盖层较薄的岩基河床。

3. 【答案】A

【解析】截流落差不超过 4.0m 时，宜选择单戗立堵截流。截流流量大且落差大于 4.0m 时，宜选择双戗、多戗或宽戗立堵截流。

考点 2　截流设计与施工

1. 【答案】A

【解析】截流龙口位置宜设于河床水深较浅

的位置，更便于稳定、封堵的要求。故选项A说法不正确。

2.【答案】AB

【解析】龙口的保护措施包括护底和裹头。

3.【答案】A

【解析】当截流水力条件较差时，须采用混凝土块体。石料容重较大，抗冲能力强，一般工程较易获得，而且通常也比较经济。因此，凡有条件者，均应优先选用石块截流。

4.【答案】AB

【解析】截流流量一般只考虑经由龙口和分流建筑物下泄，可不计伐堤渗流量和水库拦蓄量。

5.【答案】B

【解析】立堵截流时，最大粒径材料数量，常按困难区段抛投总量的1/3考虑。

6.【答案】D

【解析】龙口段抛投的大块石、钢筋石笼或混凝土网面体等材料数量应考虑一定备用，备用系数宜取1.2~1.3。

7.【答案】CD

【解析】截流年份内截流时段一般选择在枯水期开始，流量有明显下降的时候，不一定是流量最小的时段。

2F313000—2F313010

考点 1　土方开挖技术

1.【答案】C

【解析】水利水电工程施工中常用土依开挖方法、开挖难易程度等，可分为4类。

2.【答案】C

【解析】本题考查的是土的工程分类。

Ⅰ类土为疏松、粘着力差或易进水，略有黏性的砂土、种植土，用铁锹或略加脚踩开挖。

Ⅱ类土为开挖时能成块，并易打碎的壤土、淤泥、含根种植土，用铁锹加脚踩开挖。

Ⅲ类土为粘手、看不见砂粒，或干硬的黏土、干燥黄土、干淤泥、含少量碎石的黏土，用镐、三齿耙开挖或用锹需用力加脚踩

开挖。

Ⅳ类土为结构坚硬，分裂后呈块状，或含黏粒、砾石较多的坚硬黏土、砾质黏土、含卵石黏土，用镐、三齿耙等开挖。

故选项C正确。

3.【答案】C

【解析】土方开挖宜采用自上而下开挖、上下结合开挖、先岸坡后河槽开挖和分期分段开挖。

4.【答案】A

【解析】铲运机按卸土方式可分为强制式、半强制式和自由式三种。回转式属于按推土机推土铲安装方式的分类。根据题意，不属于铲运机按卸土方式分类的是回转式，故选项A正确。

5.【答案】B

【解析】本题考查的是不同类型装载机的额定载重量规定。

装载机按额定载重量可分为小型（<1t）、轻型（1~3t）、中型（4~8t）、重型（>10t）。

故选项B正确。

6.【答案】ACD

【解析】推土机可以独立完成推土、运土及卸土三种作业。

7.【答案】A

【解析】推土机的开行方式基本是穿梭式的。

8.【答案】B

【解析】本题考查的是土基开挖施工要求。在不具备采用机械开挖的条件下或在机械设备不足的情况下，一般采用人工开挖。在安排施工程序时，应先挖出排水沟，然后再分层下挖。临近设计高程时，应留出0.2~0.3m的保护层暂不开挖，待上部结构施工时，再予以挖除。

9.【答案】D

【解析】本题考查的是渠道开挖。

选项A说法错误，采用人工开挖渠道时，边坡处可按边坡比挖成台阶状，待挖至设计深度时，再进行削坡。

选项 B 说法错误，采用推土机开挖渠道，其开挖深度不宜超过 1.5～2.0m。

选项 C 说法错误，铲运机开挖渠道的开行方式有环形开行和"8"字形开行。

选项 D 说法正确，人工开挖在干地上开挖渠道应自中心向外，分层下挖。

考点 2　石方开挖技术

1.【答案】C

【解析】岩石根据坚固系数的大小分级，前 10 级（Ⅴ～ⅩⅣ）的坚固系数在 1.5～20 之间，除Ⅴ级的坚固系数在 1.5～2.0 之间外，其余以 2 为级差。坚固系数在 20～25 之间，为ⅩⅤ级；坚固系数在 25 以上，为ⅩⅥ级。

2.【答案】BE

【解析】本题考查的是岩石的分类。

岩石由于形成条件不同，分为火成岩（岩浆岩）、水成岩（沉积岩）及变质岩三大类。

火成岩（岩浆岩）主要包括花岗岩、闪长岩、辉长岩、辉绿岩、玄武岩等，选项 A、C 错误。

水成岩主要包括石灰岩和砂岩，选项 B、E 正确。

变质岩主要包括片麻、大理石、石英岩，选项 D 错误。

3.【答案】BCDE

【解析】本题考查的是岩石的分类。

火成岩又称岩浆岩，是出岩浆侵入地壳上部或喷出地表凝固而成的岩石，主要包括花岗岩、闪长岩、辉长岩、辉绿岩、玄武岩等。故选项 B、C、D、E 正确。

片麻岩属于变质岩，故选项 A 错误。

4.【答案】AB

【解析】石方开挖包括露天石方开挖和地下工程开挖。

2F313000—2F313020

考点 1　地基开挖与清理

1.【答案】B

【解析】土基开挖的岸坡应大致平顺，不应呈台阶状、反坡或突然变坡，岸坡上缓下陡时，变坡角应小于 20°，岸坡不宜陡于 1∶1.5。应留有 0.2～0.3m 的保护层，待填土前进行人工开挖。

2.【答案】ABCE

【解析】土坝土基开挖时岸坡应缓于 1∶1.5，选项中的 1∶0.5 陡于 1∶1.5，故选项 D 错误。

3.【答案】C

【解析】两岸岸坡坝段基岩面，尽量开挖成有足够宽度的台阶状，以确保向上游倾斜。故选项 C 的说法错误。

考点 2　地基处理的方法

1.【答案】C

【解析】接触灌浆是在建筑物和岩石接触面之间进行的灌浆，以加强二者间的结合程度和基础的整体性，提高抗滑稳定性，同时也增进岩石固结与防渗性能的一种方法。

2.【答案】C

【解析】较浅的透水地基用黏土截水槽，下游设反滤层；较深的透水地基用槽孔型和桩柱体防渗墙，槽孔型防渗墙由一段段槽孔套接而成，桩柱体防渗墙由一个个桩柱套接而成。

3.【答案】D

【解析】灌浆是利用灌浆泵的压力，通过钻孔、预埋管路或其他方式，把具有胶凝性质的材料（水泥）和掺合料（如霜土等）与水搅拌混合的浆液或化学溶液灌注到岩石、土层中的裂隙、洞穴或混凝土的裂缝、接缝内，以达到加固、防渗等工程目的的技术措施。

4.【答案】D

【解析】冻土地基处理的适用方法有基底换填碎石垫层、铺设复合土工膜、设置渗水暗沟、填方社隔热板等。

考点 3　灌浆技术

1.【答案】AB

【解析】按浆液的灌注流动方式，灌浆可分为纯压式和循环式。按灌浆孔中灌浆程序分为一次灌浆和分段灌浆。其中分段灌浆采用自下而上或自上而下的方式进行灌浆。

2.【答案】A

【解析】由于化学材料配制成的浆液中不存在固体颗粒灌浆材料那样的沉淀问题，故化学灌浆都采用纯压式灌浆。

3.【答案】D

【解析】水工隧洞中的灌浆宜按照先回填灌浆、后固结灌浆、再接缝灌浆的顺序进行。

考点 4　防渗墙施工技术

1.【答案】A

【解析】槽孔型防渗墙的施工程序包括平整场地、挖导槽、做导墙、安装挖槽机械设备、制备泥浆注入导槽、成槽、混凝土浇筑成墙等。

2.【答案】C

【解析】工序质量检查应包括造孔、终孔、清孔、接头处理、混凝土浇筑（包括钢筋笼、预埋件、观测仪器安装埋设）等检查。

3.【答案】C

【解析】防渗墙墙体质量检查应在成墙 28d 后进行，检查内容为必要的墙体物理力学性能指标、墙段接缝和可能存在的缺陷。

2F313000—2F313030

考点 1　土方填筑技术

1.【答案】CD

【解析】土石坝的土石料压实标准是根据水工设计要求和土石料的物理力学特性提出来的，对于黏性土用干密度 ρ_d 和施工含水量控制，对于非黏性土以相对密 D_r 度控制，对于石渣和堆石体可以用孔隙率作为压实指标。

2.【答案】A

【解析】土料填筑压实参数主要包括碾压机具的重量、含水量、碾压遍数及铺土厚度

等，振动碾压还应包括振动频率及行走速率等。

3.【答案】A

【解析】在确定土料压实参数的碾压试验中，一般以单位压实遍数的压实厚度最大者为最经济合理。

4.【答案】BCD

【解析】对黏性土料的试验，需作铺土厚度、压实遍数、最大干密度和最优含水量的关系曲线。

5.【答案】B

【解析】黏性土料含水量偏低，主要应在料场加水，若需在坝面加水，应力求"少、勤、匀"，以保证压实效果。对非黏性土料，为防止运输过程脱水过多，加水工作主要在坝面进行。故本题选项 B 正确。

6.【答案】A

【解析】碾压土石坝基本作业包括：料场土石料开采，挖、装、运、卸以及坝面铺平、压实、质检等。

7.【答案】A

【解析】准备作业包括："一平四通"即平整场地、通车、通水、通电、通信。

8.【答案】C

【解析】错距宽度（b）＝B（碾滚净宽）$/n$（设计碾压遍数），根据上述公式得：错距宽度（b）＝$4/4$＝1（m）。

9.【答案】B

【解析】圈转套压法要求开行的工作面较大，适合于多碾滚组合碾压。其优点是生产效率较高，但碾压中转弯套压交接处重压过多，易产生超压。

10.【答案】B

【解析】流水作业时各施工段工作面的大小取决于各施工时段的上坝强度。而各施工时段的上坝强度，可根据施工进度计划用运输强度（松土）计算。

11.【答案】B

【解析】将填筑坝面划分为若干工作段或工作面。工作面的划分，应尽可能平行坝轴

线方向，以减少垂直坝轴线方向的交接。

12.【答案】 B

【解析】 按设计厚度铺料整平是坝面作业保证压实质量的关键要求。

13.【答案】 B

【解析】 在坝体填筑中，层与层之间分段接头应错开一定距离，同时分段条带应与坝轴线平行布置，各分段之间不应形成过大的高差。接坡坡比一般缓于1:3。

14.【答案】 CD

【解析】 本题考查的是土石坝、堤防的填筑施工。

选项A说法正确，铺料宜平行坝轴线进行，铺土厚度要匀。

选项B说法正确。进入防渗体内铺料，自卸汽车卸料宜用进占法倒退铺土，说法正确。

选项C说法错误，黏性土料含水量偏低，主要应在料场加水，若需在坝面加水，应力求"少、勤、匀"，以保证压实效果。

选项D说法错误，对非黏性土料，为防止运输过程脱水过量，加水工作主要在坝面进行。

选项E说法正确，铺填中不应使坝面起伏不平，避免降雨积水。

根据题意，选项C、D为正确答案。

15.【答案】 BCE

【解析】 根据施工方法、施工条件及土石料性质不同，坝面作业可以分为铺料、整平和压实三个主要工序。

16.【答案】 CD

【解析】 本题考查的是土石坝、堤防填筑施工。

选项A说法正确，层与层之间分段接头应错开一定距离。

选项B说法正确，一般都采用土、砂平起的施工方法。

选项C说法错误，当采用羊脚碾与气胎碾联合作业时，土砂结合部可用气胎碾进行压实。

选项D说法错误，在夯实土砂结合部时，宜先夯土边一侧，等合格后再夯反滤料，

不得交替夯实，影响质量。

选项E说法正确，填土碾压时，要注意混凝土结构物两侧均衡填料、压实，以免对其产生过大侧向压力，影响其安全。

根据题意，选项C、D为本题的正确答案。

17.【答案】 B

【解析】 对条形反滤层，每隔50m设一取样断面，每个取样断面每层取样不得少于4个，均匀分布在断面的不同部位，且层间取样位置应彼此对应。

18.【答案】 C

【解析】 对土料场应经常检查所取土料的土质情况、土块大小、杂质含量和含水量等。其中含水量的检查和控制尤为重要。

19.【答案】 C

【解析】 本题考查的是土方填筑技术。若土料的含水量偏高，一方面应改善料场的排水条件和采取防雨措施，另一方面需将含水量偏高的土料进行翻晒处理，或采取轮换掌子面的办法，使土料含水量降低到规定范围再开挖。

20.【答案】 B

【解析】 干密度的测定，黏性土一般可用体积为 $200 \sim 500 cm^3$ 的环刀测定；砂可用体积为 $500 cm^3$ 的环刀测定；砾质土、砂砾料、反滤料用灌水法或灌砂法测定；堆石因其空隙大，一般用灌水法测定。当砂砾料因缺乏细料而架空时，也用灌水法测定。

考点 2　石方填筑技术

1.【答案】 B

【解析】 面板堆石坝坝体分区基本定型，主要有垫层区、过渡区、主堆石区、下游堆石区（次堆石料区）等。

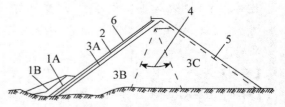

1A—上游铺盖区；1B—压重区；2—垫层区；

3A—过渡区；3B—主堆石区；

3C—下游堆石区；

4—主堆石区和下游堆石区的可变界限；

5—下游护坡；6—混凝土面板

2. 【答案】D

【解析】垫层料的摊铺多用后退法，以减轻物料的分离。当压实层厚度大时，可采用混合法卸料，即先用后退法卸料呈分散堆状，再用进占法卸料铺平，以减轻物料的分离。

3. 【答案】C

【解析】坝料填筑宜采用进占法卸料，必须及时平料。

4. 【答案】B

【解析】垫层料铺筑上游边线水平超宽一般为 20～30cm。

5. 【答案】B

【解析】一般堆石体最大粒径不应超过层厚的 2/3。

6. 【答案】ABC

【解析】面板堆石坝堆石体的压实参数（碾压机具重量、铺层厚度和碾压遍数等）应通过碾压试验确定。

7. 【答案】C

【解析】本题考查的是堆石体的压实参数和质量控制。通常堆石压实的质量指标，用压实重度换算的孔隙率 n 来表示，现场堆石密实度的检测主要采取试坑法。

8. 【答案】A

【解析】通常堆石压实的质量指标，用压实重度换算的孔隙率 n 来表示，现场堆石密实度的检测主要采取试坑法。环刀法用于坝面的质量检查中黏性土和砂干密度的测定。面板堆石坝堆石体的压实参数（碾重、铺层厚和碾压遍数等）应通过碾压试验确定。

9. 【答案】A

【解析】一般堆石体最大粒径不应超过层厚的 2/3。垫层料的最大粒径为 80～100mm，过渡料的最大粒径不超过 300mm，下游堆石区最大粒径 1000～1500mm。

10. 【答案】C

【解析】过渡料作颗分、密度、渗透性及过渡性检查，过渡性检查的取样部位为界面处。

11. 【答案】AD

【解析】防渗体压实控制指标采用干密度、含水率或压实度。反滤料、过渡料、垫层料及砂砾料的压实控制指标采用干密度或相对密度。堆石料的压实控制指标采用孔隙率。

12. 【答案】D

【解析】堆石料的压实控制指标采用孔隙率。

13. 【答案】BCE

【解析】坝体防渗土料中碎（砾）石的现场鉴别控制项目包括允许最大粒径、砾石含量、含水率。

14. 【答案】AC

【解析】根据《碾压式土石坝施工规范》（DL/T 5129—2013），土石坝过渡料压实的检查项目包括干密度、颗粒级配。取样（检测）次数为 1 次/500～1000m³，每层至少一次。

15. 【答案】ABC

【解析】环刀法测密度时，应取压实层的下部，挖坑灌水（砂）法，应挖至层间结合面。故选项 D、E 说法均错误。

16. 【答案】AB

【解析】当日平均气温低于 0℃ 时，黏性土料应按低温季节进行施工管理。当日平均气温低于 −10℃ 时，不宜填筑土料。负温施工注意以下几点：

(1) 黏性土含水量略低于塑性，防渗体土料含水量不大于塑性的 90%。压实土料温度应在 −1℃ 以上，宜采用重型碾压机械。坝体分段结合处不得存在冻土层、冰块。

(2) 砂砾料的含水量应小于 4%，不得加水。填筑时应基本保持正温，冻料含量控制在 10% 以下，冻块粒径不超 10cm，且均匀分布。

(3) 当日最低气温低于 −10℃ 时，可以采用搭建暖棚进行施工。

2F313000—2F313040

考点 1 模板制作与安装

1. 【答案】AE

【解析】混凝土模板的主要作用是对新浇混凝土起成型和支撑作用，同时还具有保护和改善混凝土表面质量的作用。

2. 【答案】CE

【解析】模板按照形状可以分为平面模板和曲面模板。

3. 【答案】C

【解析】按架立和工作特征，模板可分为固定式、拆移式、移动式和滑动式。

4. 【答案】A

【解析】对一般钢筋混凝土，预埋件重量可按 $1kN/m^3$ 计算。

5. 【答案】ABCE

【解析】混凝土模板承受的荷载中，基本荷载包括：

（1）模板及其支架的自重。

（2）新浇混凝土的重量。

（3）钢筋和预埋件的重量。

（4）工作人员及浇筑设备、工具等荷载。

（5）振捣混凝土产生的荷载。

（6）新浇混凝土的侧压力。

（7）新浇筑的混凝土的浮托力。

（8）混凝土拌合物入仓所产生的冲击荷载。

（9）混凝土与模板的摩阻力（适用于滑动模板）。特殊荷载包括：风荷载和以上 10 项基本荷载以外的其他荷载。

根据题意，选项 A、B、C、E 为正确答案。

6. 【答案】A

【解析】当承重模板的跨度大于 4m 时，其设计起拱值通常取跨度的 0.3% 左右。由题可知，跨度为 5m 时，其设计起拱值应为 $5×0.3\%=0.015$ （m）$=1.5$ （cm）。

7. 【答案】B

【解析】承重模板的抗倾覆稳定系数应大于 1.4。

8. 【答案】B

【解析】模板拉杆及锚定头的最小安全系数是 2.0。

9. 【答案】BCDE

【解析】新浇混凝土的侧压力与混凝土初凝前的浇筑速度、捣实方法、凝固速度、坍落度及浇筑块的平面尺寸等因素有关。

10. 【答案】B

【解析】模板安装必须按设计图纸测量放样，对重要结构应多设控制点。

11. 【答案】D

【解析】钢筋混凝土结构的承重模板，要求达到下列规定值（按混凝土设计强度等级的百分率计算）时才能拆模：

（1）悬臂板、梁：跨度 ≤2m，75%；跨度 >2m，100%。

（2）其他梁、板、拱：跨度 ≤2m，50%；跨度 2~8m，75%；跨度 >8m，100%。

根据题干可知，跨度为 8.3m，故选项 D 正确。

12. 【答案】B

【解析】本题考查的是模板拆除的规定。模板拆模时间应根据设计要求、气温和混凝土强度增长情况而定。施工规范规定，非承重侧面模板，混凝土强度应达到 $25×10^5$ Pa 以上，其表面和棱角不因拆模而损坏时方可拆除。

考点 2 钢筋制作与安装

1. 【答案】B

【解析】本题考查的是钢筋图。

选项 A 说法正确，钢筋用粗实线表示。

选项 B 说法错误，结构轮廓用细实线表示。

选项 C 说法正确。钢筋的截面用小黑圆点表示。

选项 D 说法正确，钢筋采用编号进行分类。

故本题的正确答案是选项 B。

2. 【答案】C

【解析】在钢筋的标注形式 "$n\underline{\Phi}d@s$" 中，d 表示钢筋直径的数值。

3. 【答案】A

【解析】以另一种牌号或直径的钢筋代替设计文件中规定的钢筋时，应按钢筋承载力设计值相等的原则进行。

4. 【答案】B

【解析】对于水利工程，重要结构中进行钢筋代换，应征得设计单位同意。

5. 【答案】B

【解析】用同牌号钢筋代换时，其直径变化范围不宜超过4mm，代换后钢筋总截面面积与设计文件中规定的钢筋截面面积之比不得小于98％或大于103％。

6. 【答案】D

【解析】当构件设计是按最小配筋率配筋时，可按钢筋面积相等的原则进行钢筋代换。

7. 【答案】A

【解析】机械连接接头，其接头分布应按设计规定执行，当设计没有要求时，在受拉区不宜超过50％。

8. 【答案】D

【解析】结构构件中纵向受力钢筋的接头应相互错开35d（d 为纵向受力钢筋的较大直径），且不小于500mm。

9. 【答案】B

【解析】焊接和绑扎接头距离钢筋弯头起点不得小于10倍直径。

考点 3　混凝土拌合与运输

1. 【答案】A

【解析】水泥、掺合料、水、冰、外加剂溶液的称量允许偏差为±1.0％。

2. 【答案】C

【解析】二次投料法可分为预拌水泥砂浆及预拌水泥净浆法。与一次投料法相比，混凝土强度可提高 15％，也可节约水泥15％～20％。

3. 【答案】CDE

【解析】二次投料法可分为预拌水泥砂浆及预拌水泥净浆法。与一次投料法相比，混凝土强度可提高 15％，也可节约水泥

15％～20％。

4. 【答案】ACD

【解析】拌合设备生产能力主要取决于设备容量、台数与生产率等因素。

考点 4　混凝土浇筑与温度控制

1. 【答案】B

【解析】混凝土入仓铺料多用平浇法。

2. 【答案】ABCD

【解析】混凝土拌合物出现下列情况之一者，按不合格料处理：

（1）错用配料单已无法补救，不能满足质量要求。

（2）混凝土配料时，任意一种材料计量失控或漏配，不符合质量要求。

（3）拌合不均匀或夹带生料。

（4）出机口混凝土坍落度超过最大允许值。故选项 A、B、C、D 正确。

3. 【答案】A

【解析】对于已经拆模的混凝土表面，应用草垫等覆盖。

4. 【答案】B

【解析】常态混凝土浇筑应采取短间歇均匀上升、分层浇筑的方法，基础约束区的浇筑层厚度宜为 1.5～2.0m。

5. 【答案】D

【解析】水泥运至工地的入罐或入场温度不宜高于 65℃。

6. 【答案】ABC

【解析】常态混凝土的粗集料可采用风冷、浸水、喷淋冷水等预冷措施。碾压混凝土的粗集料宜采用风冷措施。

7. 【答案】ACD

【解析】大体积混凝土施工期温度监测内容有原材料温度监测、混凝土出机口温度、入仓温度和浇筑温度监测、混凝土内部温度监测、通水冷却监测、浇筑仓气温及保温层温度监测等。

8. 【答案】B

【解析】混凝土出机口温度应每4h测量1次；

低温季节施工时宜加密至每2h测量1次。

9.【答案】C

【解析】掺合料掺量应通过试验确定，掺量超过65％时，应做专门试验论证。

10.【答案】C

【解析】混凝土配合比设计应通过试验选取最佳砂率值。使用天然砂率时，三级配碾压混凝土的砂率为28％～32％，二级配时为32％～37％；使用人工砂石料时，砂率应增加3％～6％。

11.【答案】B

【解析】在摊铺碾压混凝土前，通常先在建基面铺一层常态混凝土垫层进行找平，厚度一般1.0～2.0m。

考点 5　分缝与止水的施工要求

1.【答案】B

【解析】混凝土坝的分缝分块，首先是沿坝轴线方向，将坝的全长划分为15～24m左右的若干坝段。

2.【答案】CE

【解析】永久性横缝可兼作沉降缝和温度缝，缝面常为平面。当不均匀沉降较大时，需留缝宽1～2cm，缝间用沥青油毡隔开，缝内须设置专门的止水；临时性横缝缝面设置键槽，埋设灌浆系统。斜缝分块的缝面上出现的剪应力很小，使坝体能保持较好的整体性，因此，斜缝可以不进行接缝灌浆。错缝缝面一般不灌浆。故选项C、E正确。

3.【答案】C

【解析】重力坝分缝分块见下图，其中，(a)为竖缝分块；(b)为错缝分块；(c)为斜缝分块；(d)为通仓分块。

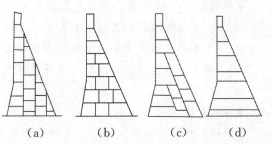

(a)　　(b)　　(c)　　(d)

4.【答案】D

【解析】混凝土工程中龟裂缝或开度小于0.5mm，可在表面涂抹环氧砂浆或贴条装砂浆修补。

考点 6　混凝土工程加固技术

1.【答案】C

【解析】修补处于高流速区的表层缺陷，为保证强度和平整度，减少砂浆干缩，可采用预缩砂浆修补法。预缩砂浆，是经拌合好之后再归堆放置30～90min才使用的干硬性砂浆。

2.【答案】ACDE

【解析】混凝土表层加固，有以下几种常用方法：

(1)水泥砂浆修补法。

(2)预缩砂浆修补法。

(3)喷浆修补法。

(4)喷混凝土修补法。

(5)钢纤维喷射混凝土修补法。

(6)压浆混凝土修补法。

(7)环氧材料修补法。

故选项A、C、D、E正确。

3.【答案】B

【解析】沉降缝和温度缝的处理，可用环氧砂浆贴橡皮等柔性材料修补，也可用钻孔灌浆或表面凿槽嵌补沥青砂浆或者环氧砂浆等方法；施工（冷）缝，一般采用钻孔灌浆处理，也可采用喷浆或表面凿槽嵌补。故两种缝同时适用的方法为钻孔灌浆。

4.【答案】CDE

【解析】对受气温影响的裂缝，宜在低温季节裂缝开度较大的情况下修补；对不受气温影响的裂缝，宜在裂缝已经稳定的情况下选择适当的方法修补。故选项A、B说法均错误。

5.【答案】B

【解析】化学植筋的焊接，应考虑焊高温对胶的不良影响，采取有效的降温措施，离开基面的钢筋预留长度应不小于20d，且不小于 200mm。

6.【答案】ABD

【解析】本题考查的是混凝土结构失稳。其中，植筋锚固施工技术包括：

（1）施工中钻出的废孔，应采用高于结构混凝土一个强度等级的水泥砂浆、树脂水泥砂浆或锚固胶粘剂进行填实。

（2）当植筋时，应使用热轧带肋钢筋，不得使用光圆钢筋。

（3）植入孔内部分钢筋上的锈迹、油污应打磨清楚干净。

（4）化学锚栓在固化完成前，应按安装要求进行养护，固化期间禁止扰动。固化后不得进行焊接。

故选项 C、E 说法正确，选项 A、B、D 说法错误。

2F313000—2F313050

考点 1　机电设备分类及安装要求

1.【答案】BCE

【解析】反击式水轮机按转轮区内水流相对于主轴流动方向的不同分为混流式、轴流式、斜流式和贯流式。

2.【答案】A

【解析】有底座机组安装，先将底座放于浇筑好的基础上，套上地脚螺栓和螺帽，调整位置。底座的纵横中心位置和浇筑基础时所定的纵横中心线误差不能超过±5mm。

考点 2　金属结构分类及安装要求

1.【答案】A

【解析】启闭机按照结构形式划分，可分为固定卷扬式启闭机、液压启闭机、螺杆式启闭机、轮盘式启闭机、移动式启闭机（包括门式启闭机、桥式启闭机和台车式启闭机）等。下图为螺杆式启闭机。

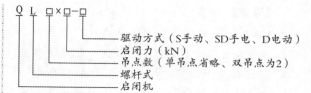

2.【答案】A

【解析】闸门按结构形式分为平面闸门、弧形闸门、人字闸门、一字闸门、圆筒闸门、环形闸门、浮箱闸门等。

3.【答案】D

【解析】本题考查的是金属结构安装的基本要求。

选项 A 说法正确，闸门安装好后，应在无水情况下作全行程启闭试验。

选项 B 说法正确，闸门试验时，应在橡胶水封处浇水润滑。

选项 C 说法正确，有条件时，工作闸门应作动水启闭试验。

选项 D 说法错误，有条件时，事故闸门应作动水关闭试验。

4.【答案】A

【解析】闸门安装合格后，应在无水情况下作全行程启闭试验。

5.【答案】B

【解析】埋件的二期混凝土强度达到 70% 以后方可拆模，拆模后，应对埋件进行复测，并做好记录；同时检查混凝土结构尺寸，清除遗留的外露钢筋头和模板等杂物，以免影响闸门启闭。

2F313000—2F313060

考点 1　施工场区安全管理

1.【答案】D

【解析】水利水电工程施工生产区内机动车辆行驶道路最小转弯半径不得小于15m。

2.【答案】B

【解析】根据施工生产防火安全的需要，合理布置消防通道和各种防火标志，消防通道应保持通畅，宽度不得小于 3.5m。

3. 【答案】B

【解析】施工生产作业区与建筑物之间的防火安全距离，应遵守下列规定：①用火作业区距所建的建筑物和其他区域不得小于25m；②仓库区、易燃、可燃材料堆集场距所建的建筑物和其他区域不小于20m；③易燃品集中站距所建的建筑物和其他区域不小于30m。

考点 2 建筑安装工程施工安全技术

1. 【答案】A

【解析】在特别潮温的场所、导电良好的地面、锅炉或金属容器内工作的照明电源、电压不得大于12V。

2. 【答案】C

【解析】一般场所宜选用额定电压为220V的照明器，对下列特殊场所应使用安全电压照明器：①地下工程，有高温、导电灰尘，且灯具离地面高度低于2.5m等场所的照明，电源电压应不大于36V；②在潮湿和易触及带电体场所的照明电源电压不得大于24V；③在特别潮湿的场所、导电良好的地面、锅炉或金属容器内工作的照明电源电压不得大于12V。

3. 【答案】B

【解析】施工现场的机动车道与外电架空线路交叉时，当外电线路电压为1～10kV时，架空线路的最低点与路面的垂直距离应不小于7m。根据题目可知，外电线路电压为8kV，故选项B正确。

4. 【答案】C

【解析】在建工程（含脚手架）的外侧边缘与外电架空线路的边线之间应保持安全操作距离。当外电线路电压为35～110kV时，最小安全操作距离应不小于8m。根据题干可知，外电线路电压为100kV，故选项C正确。

5. 【答案】AB

【解析】安全网应随着建筑物升高而提高，安全网距离工作面的最大高度不超过3m。

6. 【答案】C

【解析】本题考查的是高空作业要求。

凡在坠落高度基准面2m和2m以上有可能坠落的高处进行作业，均称为高处作业。

选项A错误，高度在30m以上时，称为特级高处作业。

选项B错误，高度在2～5m时，称为一级高处作业。

选项C正确，高度在5～15m时，称为二级高处作业。

选项D错误，高度在15～30m时，称为三级高处作业。

7. 【答案】BC

【解析】本题考查的是高空作业要求。

选项A说法正确，在坠落高度基准面2m有可能坠落的高处进行的作业属于高处作业。

选项B说法错误，高处作业分为一级、二级、三级和特级高处作业。

选项C说法错误，特殊高处作业又分以下几个类别：强风高处作业、异温高处作业、雪天高处作业、雨天高处作业、夜间高处作业、带电高处作业、悬空高处作业、抢救高处作业。

选项D说法正确，进行三级高处作业时，应事先制定专项安全技术措施。

选项E说法正确，遇有六级及以上的大风，禁止从事高处作业。

故根据题意，选项B、C为本题正确答案。

8. 【答案】ACDE

【解析】本题考查的是高空作业要求。

选项A说法正确，新安全带使用一年后抽样试验。

选项B说法错误，塑料安全帽应一年检验一次。

选项C说法正确，旧安全带每隔6个月抽查试验一次。

选项D说法正确，安全带在每次使用前均应检查。

选项E说法正确，安全网应每年检查一次，

且在每次使用前进行外表检查。

9.【答案】D

【解析】脚手架剪刀撑的斜杆与水平面的交角宜在45°～60°之间。

10.【答案】B

【解析】脚手架立杆的间距不得大于2m。

11.【答案】C

【解析】汽车运输爆破器材，汽车的排气管宜设在车前下侧，并应设置防火罩装置；汽车在视线良好的情况下行驶时，时速不得超过20km（工区内不得超过15km）；在弯多坡陡、路面狭窄的山区行驶，时速应保持在5km以内。行车间距：平坦道路应大于50m，上下坡应大于300m。

12.【答案】D

【解析】预告信号20min后再发布其准备信号。

13.【答案】BCD

【解析】选项A错误，导爆索只准用快刀切断，不得用剪刀剪断导火索。选项E错误，只有确认网路连接正确，与爆破无关人员已经撤离，才准许接入引爆装置。

2F320000　水利水电工程项目施工管理

2F320000—2F320010

考点 1　水利工程建设项目的类型和建设阶段划分

1.【答案】B

【解析】水利工程建设程序一般分为项目建议书、可行性研究报告、施工准备（包括招标设计）、初步设计、建设实施、生产准备、竣工验收、后评价等阶段。立项过程包括项目建议书阶段和可行性研究报告阶段。

2.【答案】D

【解析】水利工程建设程序一般分为项目建议书、可行性研究报告、施工准备（包括招标设计）、初步设计、建设实施、生产准备、竣工验收、后评价等阶段。一般情况下，项目建议书、可行性研究报告、初步设计称为前期工作。

3.【答案】A

【解析】水利工程建设项目按其功能和作用分为公益性、准公益性和经营性。

4.【答案】ABCE

【解析】项目建议书应根据国民经济和社会发展规划、流域综合规划、区域综合规划、专业规划，按照国家产业政策和国家有关投资建设方针进行编制，是对拟进行建设项目提出的初步说明，解决项目建设的必要性问题。

5.【答案】B

【解析】本题考查的是水利工程建设项目的类型和建设阶段划分。

选项 A 说法正确，施工准备阶段（包括招标设计）是指建设项目的主体工程开工前，必须完成的各项准备工作。

选项 B 说法错误，建设实施阶段是指主体工程的建设实施，项目法人按照批准的建设文件，组织工程建设，保证项目建设目标的实现。

选项 C 说法正确，生产准备（运行准备）指为工程建设项目投入运行前所进行的准备工作。

选项 D 说法正确，项目后评价工作必须遵循独立、公正、客观、科学的原则。

故选择 B 符合题意，为本题的正确答案。

6.【答案】D

【解析】项目后评价的主要内容：

（1）过程评价：前期工作、建设实施、运行管理等。

（2）经济评价：财务评价、国民经济评价等。

（3）社会影响及移民安置评价：社会影响和移民安置规划实施及效果等。

（4）环境影响及水土保持评价：工程影响区主要生态环境、水土流失问题，环境保护、水土保持措施执行情况，环境影响情况等。

（5）目标和可持续性评价：项目目标的实现程度及可持续性的评价等。

（6）综合评价：对项目实施成功程度的综合评价。

7.【答案】B

【解析】由于工程项目基本条件发生变化，引起工程规模、工程标准、设计方案、工程量的改变，其静态总投资超过可行性研究报告相应估算静态总投资在 15％ 以下时，要对工程变化内容和增加投资提出专题分析报告。超过 15％ 以上（含 15％）时，必须重新编制可行性研究报告并按原程序报批。

8.【答案】ABCE

【解析】项目后评价的主要内容：

（1）过程评价：前期工作、建设实施、运行管理等。

（2）经济评价：财务评价、国民经济评价等。

（3）社会影响及移民安置评价：社会影响和移民安置规划实施及效果等。

（4）环境影响及水土保持评价：工程影响区主要生态环境、水土流失问题，环境保护、水土保持措施执行情况，环境影响情况等。

（5）目标和可持续性评价：项目目标的实现程度及可持续性的评价等。

（6）综合评价：对项目实施成功程度的综合评价。

故选项 A、B、C、E 均正确，选项 D 错误，应改为环境影响及水土保持评价。

考点 2　建设项目管理专项制度

1.【答案】ACD

【解析】水利工程项目建设实行项目法人责任制、招标投标制和建设监理制，简称"三项制度"。

2.【答案】B

【解析】本题考查的是建设项目管理专项制度。

总投资 200 万元以上且符合下列条件之一的水利工程建设项目，必须实行建设监理：

（1）关系社会公共利益或者公共安全的。

（2）使用国有资金投资或者国家融资的。

（3）使用外国政府或者国际组织贷款、援助资金的。综上，选项 A 正确，总投资 300 万的学校操场，须进行建设监理。

选项 B 错误，总投资 150 万的公共事业工程，总投资小于 200 万，故不必进行建设监理。

选项 C 正确，总投资 2 亿的某小区住宅工程，须进行建设监理。

选项 D 正确，总投资 1000 万的医院门诊楼，须进行建设监理。

3.【答案】ACDE

【解析】招标投标制是指通过招标投标的方式，选择水利工程建设的勘察设计、施工、监理、材料设备供应等单位。

4.【答案】ABCD

【解析】水利工程建设监理包括水利工程施工监理、水土保持工程施工监理、机电及金属结构设备制造监理、水利工程建设环境保护监理。

5.【答案】B

【解析】水利工程施工监理、水土保持工程施工监理专业资质等级分为甲级、乙级、丙级三个等级，机电及金属结构设备制造监理专业资质分为甲级、乙级两个等级，水利工程建设环境保护监理专业资质暂不分级。

6.【答案】B

【解析】代建管理费由代建单位提出申请，由项目管理单位审核后，按项目实施进度和合同约定分期拨付。依据财政部《基本建设项目建设成本管理规定》，同时满足按时完成代建任务、工程质量优良、项目投资控制在批准概算总投资范围内 3 个条件的，可以支付代建单位利润或奖励资金，一般不超过代建管理费的 10%。

7.【答案】AD

【解析】代建管理费要与代建单位的代建内容、代建绩效挂钩，计入项目建设成本，在工程概算中列支。

8.【答案】B

【解析】水利工程建设项目代建制为建设实施代建，代建单位对水利工程建设项目施工准备至竣工验收的建设实施过程进行管理。

9.【答案】ABCD

【解析】水利 PPP 项目实施程序主要包括项目储备、项目论证、社会资本方选择、项目执行等。

10.【答案】D

【解析】水利 PPP 项目合同期满前 12 个月为项目公司向政府移交项目的过渡期。

11.【答案】ABCE

【解析】水利 PPP 项目移交完成后，政府有关主管部门可组织对项目开展后评价，对项目全生命周期的效率、效果、影响和可持续性等进行评价。

考点 3　施工准备阶段的工作内容

1.【答案】C

【解析】根据水利部《关于调整水利工程建设项目施工准备开工条件的通知》（水建管〔2017〕177 号），水利工程建设项目施工准备开工的条件调整为：项目可行性研究报告已经批准，环境影响评价文件等已经批准，年度投资计划已下达或建设资金已落实，项目法人即可开展施工准备，开工建设。

2.【答案】ABCE

【解析】水利工程施工准备阶段的主要工作原根据《水利工程建设程序管理暂行规定》（2017 年修订）（水利部水建〔1998〕16 号）有关要求进行，现调整如下：水利工程施工准备阶段的主要工作有：

（1）施工现场的征地、拆迁。

（2）完成施工用水、电、通信、路和场地平整等工程。

（3）必需的生产、生活临时建筑工程。

（4）实施经批准的应急工程、试验工程等专项工程。

（5）组织招标设计、咨询、设备和物资采购等服务。

（6）组织相关监理招标，组织主体工程招标准备工作。

考点 4　建设实施阶段的工作内容

1.【答案】D

【解析】水利工程质量由项目法人（建设单位）负全面责任。

2.【答案】D

【解析】设计单位对不涉及重大设计原则问题的合理意见应当采纳并修改设计，若有分歧意见，由项目法人决定。如涉及重大设计变更问题，应当由原初步设计批准部门审定。

3.【答案】C

【解析】重大设计变更文件编制的设计深度应当满足初步设计阶段技术标准的要求，有条件的可按施工图设计阶段的设计深度进行编制。

4.【答案】BE

【解析】施工组织设计中以下变更为重大设计变更：①主要料场场地的变化；②水利枢纽工程的施工导流方式、导流建筑物方案的变化；③主要建筑物施工方案和工程总进度的变化。

5.【答案】C

【解析】本题考查的是水利工程建设实施阶段的工作内容。一般设计变更文件由项目法人组织审查确认后实施，并报项目主管部门核备。

6.【答案】AD

【解析】水利工程设计变更分为重大设计变更和一般设计变更。

7.【答案】C

【解析】本题考查的是水利工程建设实施阶段的工作内容。施工详图经监理单位审核后交施工单位施工。

8.【答案】CDE

【解析】水利枢纽工程中次要建筑物基础处理方案变化，布置及结构形式变化，施工方案变化，附属建设内容变化，一般机电设备及金属结构设计变化；堤防和河道治理工程的局部线路、灌区和引调水工程中非骨干工程的局部线路调整或者局部基础处理方案变化，次要建筑物布置及结构形式变化，施工组织设计变化，中小型泵站、水闸机电及金属结构设计变化等，可视为一般设计变更。

考点 5　水利水电工程安全鉴定的有关要求

1.【答案】C

【解析】大坝实行定期安全鉴定制度，首次安全鉴定应在竣工验收后 5 年内进行。以后应每隔 6～10 年进行一次。

2.【答案】D

【解析】水闸首次安全鉴定应在竣工验收后 5 年内进行，以后应每隔 10 年进行一次全面安全鉴定。

3.【答案】B

【解析】大坝安全状况分为一类坝、二类坝、三类坝三类。其中，二类坝实际抗御洪水标准不低于部颁水利枢纽工程除险加固近期非常运用洪水标准，但达不到《防洪标准》（GB 50201—94）规定；大坝工作状态基本正常，在一定控制运用条件下能安全运行的大坝。

4.【答案】B

【解析】二类闸：运用指标基本达到设计标准，工程存在一定损坏，经大修后，可达到正常运行。

5.【答案】C

【解析】水工建筑安全鉴定包括安全评价、安全评价成果审查和安全鉴定报告书审定三个基本程序。

6.【答案】ABCD

【解析】蓄水安全鉴定的范围包括挡水建筑物、泄水建筑物、引水建筑物进水口工程、涉及蓄水安全的库岸和边坡等相关工程。

7.【答案】ABD

【解析】蓄水安全鉴定的依据是有关法律、法规、规章和技术标准，批准的初步设计报告、专题报告、设计变更及修改文件，以及合同规定的质量和安全标准等。

考点 6 水利工程建设稽察、决算及审计的内容

1.【答案】ABCD

【解析】对建设项目的稽察，主要包括项目前期工作与设计工作、项目建设管理、项目计划下达与执行、资金使用、工程质量、国家有关政策、法律、法规、规章和技术标准执行情况等方面的内容。

2.【答案】ABDE

【解析】稽察工作的原则是依法监督、严格规范、客观公正、廉洁高效。

3.【答案】A

【解析】建设项目未完工程投资及预留费用可预计纳入竣工财务决算。大中型项目应控制在总概算的 3% 以内，小型项目应控制在 5% 以内。

4.【答案】ACE

【解析】水利审计部门对其竣工决算的真实性、合法性和效益性进行审计监督和评价。

5.【答案】DE

【解析】本题考查的是水利工程建设稽察、决算及审计的内容。

选项 A 错误，审计报告，属于审计报告阶段。

选项 B 错误，审计报告处理，属于审计报告阶段。

选项 C 错误，下达审计结论，属于审计报告阶段。

选项 D 正确，整改落实，属于审计终结阶段。

选项 E 正确，后续审计，属于审计终结阶段。

2F320000—2F320020

考点 1 施工总布置的要求

1.【答案】A

【解析】本题考查的是施工总布置的要求。

选项 A 说法错误，在进行大规模水利水电工程施工时，要根据各阶段施工平面图的要求，分期分批地征用土地，以便做到少占土地或缩短占用土地时间。

选项 B 说法正确，临时设施最好不占用拟建永久性建筑物和设施的位置，以避免拆迁这些设施所引起的损失和浪费。

选项 C 说法正确，为了降低临时工程的费用，应尽最大可能利用现有的建筑物以及可供施工使用的设施。

选项 D 说法正确，储存燃料及易燃物品的仓库距拟建工程及其他临时性建筑物不得小于 50m。

故本题选项 A 符合题意。

2.【答案】D

【解析】施工总平面布置图的设计中应遵循劳动保护和安全生产等要求，储存燃料及易燃物品的仓库距拟建工程及其他临时性建筑

物距离不得小于50m。

3.【答案】B

【解析】施工设备仓库建筑面积计算公式 $W=na/k_2$ 中的 n 表示储存施工设备台数。

考点 2 临时设施的要求

1.【答案】A

【解析】水利水电工程施工临时设施主要包括施工交通运输和施工工厂设施两部分。

2.【答案】D

【解析】本题考查的是临时设施的要求。

低温季节混凝土施工时，提高混凝土拌合料温度宜用热水拌合及进行集料预热，水泥不应直接加热，故选项A、B、C均正确，选项D错误。

3.【答案】D

【解析】木材加工厂、钢筋加工厂的主要设备属三类负荷。

4.【答案】B

【解析】水利水电工程施工中，混凝土预制构件厂的用电负荷属于二类负荷。

考点 3 施工总进度的要求

1.【答案】A

【解析】编制施工总进度时，工程施工总工期包括工程准备期、主体工程施工期、工程完建期。

2.【答案】A

【解析】进度曲线是以时间为横轴，以完成累计工作量（该工作量的具体表示内容可以是实物工程量的大小、工时消耗或费用支出额，也可以用相应的百分比来表示）为纵轴。

3.【答案】B

【解析】本题考查的是施工总进度的要求。

选项A说法正确，能表示出各项工作的划分、工作的开始时间和完成时间及工作之间的相互搭接关系。

选项B说法错误，施工进度计划横道图不能反映工程费用与工期之间的关系，不便于缩

短工期和降低成本。

选项C说法正确，不能明确反映出各项工作之间错综复杂的相互关系，不利于建设工程进度的动态控制。

选项D说法正确，不能明确地反映出影响工期的关键工作和关键线路，不便于进度控制人员抓住主要矛盾。

故选项B符合题意。

考点 4 专项施工方案

1.【答案】ABC

【解析】超过一定规模的危险性较大的单项工程专项施工方案应由施工单位组织召开审查论证会。专家组应由5名及以上符合相关专业要求的专家组成，各参建单位人员不得以专家身份参加审查论证会。

2.【答案】ACD

【解析】需要专家论证的专项施工方案，施工单位应根据审查论证报告修改完善专项施工方案，经施工单位技术负责人、总监理工程师、项目法人单位负责人审核签字后，方可组织实施。

3.【答案】A

【解析】基坑开挖深度未超过5m，但地质条件、周围环境和地下管线复杂，或影响毗邻建筑（构筑）物安全的基坑（槽）的土方开挖、支护、降水工程，需要组织专家论证。

2F320000—2F320030

考点 1 造价编制依据

1.【答案】A

【解析】基本直接费包括人工费、材料费、施工机械使用费。冬雨期施工增加费、临时设施费属于其他直接费。

2.【答案】D

【解析】企业管理费是指施工企业为组织施工生产和经营活动所发生的费用，包括管理人员工资、差旅交通费、办公费、固定资产使用费、工具用具使用费、职工福利费、劳

动保护费、工会经费、职工教育经费、保险费、财务费用、税金（房产税、管理用车辆使用税、印花税）和其他等。

3. 【答案】D

【解析】间接费包括规费和企业管理费，选项D正确。施工机械使用费属于直接费里的基本直接费，选项A错误。临时设施费、安全生产措施费属于直接费里的其他直接费，选项B、C错误。

4. 【答案】A

【解析】施工机械台时费定额的折旧费除以1.13调整系数，修理及替换设备费除以1.09调整系数，安装拆卸费不变。

5. 【答案】A

【解析】投标报价文件采用含税价格编制时，材料价格可以采取含税价格除以调整系数的方式调整为不含税价格，主要材料（水泥、钢筋、柴油、汽油等）的调整系数为1.13。

6. 【答案】D

【解析】材料预算价格一般包括材料原价、运杂费、运输保险费、采购及保管费四项。

7. 【答案】B

【解析】预算定额主要用于编制施工图预算时计算工程造价和计算工程中劳动力、材料、机械台时需要的一种定额，也是招标阶段编制标底、报价的依据。概算定额主要用于初步设计阶段预测工程造价。施工定额是施工企业组织生产和管理在企业内部使用的一种定额，属于企业生产定额性质，是企业编制投标报价和成本管理的重要依据。投资估算指标主要用于项目建议书及可行性研究阶段技术经济比较和预测（估算）造价，它的概略程度与可行性研究阶段的深度相一致。故选项B正确，选项A、C、D错误。

8. 【答案】B

【解析】汽车运输定额，适用于水利工程施工路况10km以内的场内运输。运距超过10km，超过部分按增运1km的台时数乘0.75系数计算。

9. 【答案】B

【解析】零星材料费，以人工费、机械费之和为计算基数。

【名师点拨】其他材料费，以主要材料费之和为计算基数；零星材料费，以人工费机械费之和为计算基数；其他机械费以主要机械费之和为计算基数。

10. 【答案】A

【解析】概算定额主要用于初步设计阶段预测工程造价。预算定额主要用于编制施工图预算时计算工程造价和计算工程中劳动力、材料、机械台时需要的一种定额，也是招标阶段编制标底、报价的依据。施工定额是施工企业组织生产和管理在企业内部使用的一种定额，属于企业生产定额性质，是企业编制投标报价和成本管理的重要依据。投资估算指标主要用于项目建议书及可行性研究阶段技术经济比较和预测（估算）造价，它的概略程度与可行性研究阶段的深度相一致。故选项A正确，选项B、C、D均错误。

考点 2 投标阶段成本管理

1. 【答案】D

【解析】分类分项工程量清单项目编码500101002001中的后三位"002"代表含义是一般土方开挖顺序码。

2. 【答案】D

【解析】其他项目指为完成工程项目施工，发生于该工程施工过程中招标人要求计列的费用项目。故选项D正确。措施项目指为完成工程项目施工，发生于该工程项目施工前和施工过程中招标人不要求列明工程量的项目。零星工作项目指完成招标人提出的零星工作项目所需的人工、材料、机械单价，也称"计日工"。分类分项工程量清单分为水利建筑工程工程量清单和水利安装工程工程量清单。

3. 【答案】B

【解析】暂列金额一般可为分类分项工程项目和措施项目合价的5%。

4. 【答案】CE

【解析】水利安装工程工程量清单共分为机电设备安装工程、金属结构设备安装工程和安全监测设备采购及安装工程等3类，钢构件加工及安装工程、预制混凝土工程属于水利建筑工程量清单分类。故选项C、E符合题意。

5. 【答案】ABCD

【解析】下列情形可以将投标报价高报：

(1) 施工条件差的工程。

(2) 专业要求高且公司有专长的技术密集型工程。

(3) 合同估算价低自己不愿做，又不方便不投标的工程。

(4) 风险较大的特殊的工程。

(5) 工期要求急的工程。

(6) 投标竞争对手少的工程。

(7) 支付条件不理想的工程。

(8) 计日工单价可高报。

故选项A、B、C、D正确，选项E错误。

6. 【答案】CD

【解析】下列情形可以将投标报价低报：

(1) 施工条件好、工作简单、工程量大的工程。

(2) 有策略开拓某一地区市场。

(3) 在某地区面临工程结束，机械设备等无工地转移时。

(4) 本公司在待发包工程附近有项目，而本项目又可利用该工程的设备、劳务，或有条件短期内突击完成的工作量。

(5) 投标竞争对手多的工程。

(6) 工期宽裕的工程。

(7) 支付条件好的工程。

故选项C、D正确，选项A、B、E属于高报的情况。

7. 【答案】ACD

【解析】不平衡报价可以调整内部各个项目的报价，以期既不提高总报价、不影响中标，又能在结算时得到更理想的经济效益。故选项A、C、D正确。选项B属于投标报价高报，选项E属于投标报价低报。

考点 3 施工阶段计量与支付

1. 【答案】ACD

【解析】选项A正确，承包人完成"植被清理"工作所需费用，包含在《工程量清单》相应土方明挖项目有效工程量的每立方米工程单价中，不另行支付。选项B错误，场地平整按施工图纸所示场地平整区域计算的有效面积以平方米为单位计量，按《工程量清单》相应项目有效工程量的每平方米工程单价支付。选项C正确，施工过程中增加的超挖量和施工附加量所需的费用，应包含在《工程量清单》相应项目有效工程量的每立方米工程单价中，不另行支付。选项D正确，土方明挖工程单价包括承包人按合同要求完成场地清理，测量放样，临时性排水措施等。选项E错误，塌方清理费按施工图纸所示开挖轮廓尺寸计算的有效塌方堆方体积以立方米为单位计量，按《工程量清单》相应项目有效工程量的每立方米工程单价支付。

2. 【答案】ABDE

【解析】土方明挖工程单价包括承包人按合同要求完成场地清理，测量放样，临时性排水措施（包括排水设备的安拆、运行和维修），土方开挖、装卸和运输，边坡整治和稳定观测，基础、边坡面的检查和验收，以及将开挖可利用或废弃的土方运至监理人指定的堆放区并加以保护、处理等工作所需的费用。场地平整按施工图纸所示场地平整区域计算的有效面积以平方米为单位计量，按《工程量清单》相应项目有效工程量的每平方米工程单价支付。故选项A、B、D、E正确，选项C错误。

3. 【答案】BCE

【解析】砌筑工程的砂浆、拉结筋、伸缩缝、垫层、沉降缝等，包含在《工程量清单》相应砌筑项目有效工程量的每立方米工程单价中，不另行支付。承包人按合同要求完成砌体建筑物的基础清理和施工排水等工作所需的费用，包含在《工程量清单》相应砌筑项目有效工程量的每立方米工程单价中，不另行支付。故选项B、C、E正确。

4. **【答案】** BCDE

【解析】 本题考查的是与工程建设有关的水土保持规定。

选项A说法错误，除合同另有约定外，现浇混凝土的模板费用，包含在《工程量清单》相应混凝土或钢筋混凝土项目有效工程量的每立方米工程单价中，不另行计量和支付。

选项B说法正确，混凝土预制构件模板所需费用不另行支付。

选项C说法正确，施工架立筋、搭接、套筒连接、加工及安装过程中操作损耗等所需费用不另行支付。

选项D说法正确，不可预见地质原因超挖引起的超填工程量所发生的费用应按单价另行支付。

选项E说法正确，混凝土在冲（凿）毛、拌合、运输和浇筑过程中的操作损耗不另行支付。

2F320000—2F320040

考点 1 施工招标投标管理要求

1. **【答案】** D

【解析】 水利工程建设项目招标分为公开招标和邀请招标。

2. **【答案】** AE

【解析】 本题考查的是施工招标投标管理要求。

下列项目可不进行招标，但须经行政监督部门批准：

（1）需要采用不可替代的专利或者专有技术。

（2）采购人依法能够自行建设、生产或者提供。

（3）已通过招标方式选定的特许经营项目投资人依法能够自行建设、生产或者提供。

（4）需要向原中标人采购工程、货物或者服务，否则将影响施工或者功能配套要求。

（5）涉及国家安全、国家秘密、抢险救灾或者属于扶贫资金实行以工代赈、需要使用农民工的。

（6）国家规定的其他特殊情形。

综上，选项A、E可以不招标。选项B、D属于可以采用邀请招标的项目。选项C属于必须公开招标的项目。

3. **【答案】** A

【解析】 根据住房和城乡建设部《建筑业企业资质标准》（建市〔2014〕159号），水利水电工程施工专业承包企业资质划分为水工金属结构制作与安装工程、水利水电机电安装工程、河湖整治工程3个专业，每个专业等级分为一级、二级、三级。

4. **【答案】** CE

【解析】 本题考查的是施工招标投标管理要求。

选项A说法正确，水利水电工程施工总承包资质标准特级企业注册一级建造师50人以上。

选项B说法正确，水工金属结构制作与安装工程资质标准中三级企业水利水电工程、机电工程专业注册建造师合计不少于5人。

选项C说法错误，水利水电机电安装工程资质标准中三级企业水利水电工程、机电工程专业注册建造师合计不少于5人，其中水利水电工程专业注册建造师不少于3人。

选项D说法正确，河湖整治工程资质标准中三级企业水利水电工程专业注册建造师不少于5人。

选项E说法错误，施工总承包资质对一级、二级企业的注册建造师数量没有要求。

故本题选项C、E符合题意。

考点 2 施工招标的条件与程序

1. **【答案】** A

【解析】 招标文件的发售期不得少于5日。

2. **【答案】** C

【解析】招标文件的澄清和修改通知将在投标截止时间 15 天前以书面形式发给所有购买招标文件的投标人，但不指明澄清问题的来源。如果澄清和修改通知发出的时间距投标截止时间不足 15 天，且影响投标文件编制的，相应延长投标截止时间。

3.【答案】B

【解析】潜在投标人或者其他利害关系人（指特定分包人、供应商、投标人的项目负责人）对招标文件有异议的，应当在投标截止时间 10 日前提出。

4.【答案】D

【解析】有下列情形之一的，招标人将重新招标：

（1）投标截止时间止，投标人少于 3 个的。

（2）经评标委员会评审后否决所有投标的。

（3）评标委员会否决不合格投标或者界定为废标后因有效投标不足 3 个使得投标明显缺乏竞争，评标委员会决定否决全部投标的。

（4）同意延长投标有效期的投标人少于 3 个的。

（5）中标候选人均未与招标人签订合同的。

5.【答案】A

【解析】评标委员会推荐的中标候选人应当限定在 1～3 人，并标明排列顺序。

6.【答案】ABCE

【解析】澄清或修改、异议、投诉、诉讼是投标人维护权益的司法救济手段。仲裁是处理合同争议的手段。

考点 3　施工投标的条件与程序

1.【答案】ABDE

【解析】投标人业绩的类似性包括功能、结构、规模、造价等方面。

2.【答案】A

【解析】水利建设市场主体信用等级分为诚信（AAA 级、AA 级、A 级）、守信（BBB 级）、失信（CCC 级）三等五级。AAA 级表示为信用很好，AA 级表示为信用好，A 级表示为信用较好，BBB 级表示为信用一般，CCC 级表示为信用差。因此选项 A 正确。

3.【答案】A

【解析】良好行为记录信息发布期限为 3 年，不良行为记录信息发布期限不少于 6 个月。

4.【答案】CDE

【解析】根据住房和城乡建设部《建筑业企业资质标准》（建市〔2014〕159 号），水利水电工程施工专业承包企业资质划分为水工金属结构制作与安装工程、水利水电机电安装工程、河湖整治工程 3 个专业，每个专业等级分为一级、二级、三级。

5.【答案】A

【解析】投标人在递交投标文件的同时，应当递交投标保证金。根据《水利工程建设项目招标投标管理规定》（水利部令第 14 号），招标人与中标人签订合同后至多 5 个工作日内，应当退还投标保证金。

6.【答案】D

【解析】招标人应当自收到评标报告之日起 3 日内公示中标候选人，中标候选人不超过 3 人。公示期不得少于 3 日。

7.【答案】C

【解析】投标人的名称与营业执照、资质证书、安全生产许可证一致。故选项 C 不属于形式评审标准。

8.【答案】A

【解析】本题考查的是施工投标的条件与程序。详细评审阶段需要评审的因素有施工组织设计、项目管理机构、投标报价和投标人综合实力。其中，施工组织设计一般占 40％～60％；项目管理机构一般占 15％～20％；投标报价一般占 20％～30％；投标人综合实力一般占 10％。故本题选项 A 正确。

2F320000—2F320050

考点 1　施工合同文件的构成

1.【答案】D

【解析】根据《水利水电工程标准施工招标文件》（2009 年版），招标文件一般包括招标公告、投标人须知、评标办法、合同条款及格式、工程量清单、招标图纸、合同技术条款和投标文件格式等八章。其中，第二章投标人须知、第三章评标办法、第四章第一节通用合同条款属于《水利水电工程标准施工招标文件》（2009 年版）强制使用的内容，应不加修改的使用。

2. 【答案】C

【解析】投标人须知包括投标人须知前附表、正文和七个附件格式。

3. 【答案】D

【解析】根据《水利水电工程标准施工招标文件》（2009 年版），合同文件指组成合同的各项文件，包括协议书、中标通知书、投标函及投标函附录、专用合同条款、通用合同条款、技术标准和要求（合同技术条款）、图纸、已标价工程量清单、经合同双方确认进入合同的其他文件。投标人要求澄清招标文件的函不属于合同文件组成部分，故选项 D 符合题意。

4. 【答案】C

【解析】根据《水利水电工程标准施工招标文件》（2009 年版），合同文件指组成合同的各项文件，包括协议书、中标通知书、投标函及投标函附录、专用合同条款、通用合同条款、技术标准和要求（合同技术条款）、图纸、已标价工程量清单、经合同双方确认进入合同的其他文件。上述次序也是解释合同的优先顺序。故排序为⑦①②③④⑤⑥，选项 C 正确。

考点 2 发包人与承包人的义务和责任

1. 【答案】ABD

【解析】发包人的义务：

（1）遵守法律。

（2）发出开工通知。

（3）提供施工场地。

（4）协助承包人办理证件和批件。

（5）组织设计交底。

（6）支付合同价款。

（7）组织法人验收。

（8）专用合同条款约定的其他义务和责任。选项 C、E 不在上述情况中，故选项 A、B、D 正确。

2. 【答案】D

【解析】发包人应在合同双方签订合同协议书后的 14 天内，将本合同工程的施工场地范围图提交给承包人。

3. 【答案】CD

【解析】本题考查的是发包人与承包人的义务和责任。

选项 A 说法错误，发包人提供的材料和工程设备，应在专用合同条款中写明材料和工程设备的名称、规格、数量、价格、交货方式、交货地点和计划交货日期等。

选项 B 说法错误，发包人应在材料和工程设备到货 7 天前通知承包人。

选项 C 说法正确，承包人应会同监理人在约定的时间内，赴交货地点共同进行验收。

选项 D 说法正确，运至交货地点验收后，由承包人负责接收、卸货、运输和保管，说法正确；

选项 E 说法错误，发包人要求向承包人提前交货的，承包人不得拒绝，但发包人应承担承包人由此增加的费用。

4. 【答案】ABC

【解析】承包人义务包括：

（1）遵守法律。

（2）依法纳税。

（3）完成各项承包工作。

（4）对施工作业和施工方法的完备性负责。

（5）保证工程施工和人员的安全。

（6）负责施工场地及其周边环境与生态的保护工作。

（7）避免施工对公众与他人的利益造成损害。

（8）为他人提供方便。

（9）工程的维护和照管。

选项 D、E 不在上述情况中，故选项 A、B、C 正确。

考点 3　质量条款的内容

1.【答案】D

【解析】承包人应按合同约定对材料、工程设备以及工程的所有部位及其施工工艺进行全过程的质量检查和检验，并做详细记录，编制工程质量报表，报送监理人审查。

2.【答案】C

【解析】承包人未通知监理人到场检查，私自将工程隐蔽部位覆盖的，监理人有权指示承包人钻孔探测或揭开检查，由此增加的费用和（或）工期延误由承包人承担。

3.【答案】B

【解析】将被覆盖的部位和基础在进行下一道工序前，承包人应先进行自检，确认已符合合同要求后，再通知监理人进行检查。承包人未通知监理机构及有关方面人员到现场验收，私自将隐蔽部位覆盖，监理机构有权指示承包人采用钻孔探测或揭开等方式进行检验，无论检查结果是否合格，由此增加的费用和工期延误责任由承包人承担。题中未经验收自行覆盖，属于施工单位责任，由施工单位承担，故选项 B 正确。

4.【答案】B

【解析】工程质量保修期满后 30 个工作日内，发包人应向承包人颁发工程质量保修责任终止证书，并退还剩余的质量保证金，但保修责任范围内的质量缺陷未处理完成的应除外。

5.【答案】D

【解析】水利水电工程质量保修期通常为一年，河湖疏浚工程无工程质量保修期。故选项 D 正确。

考点 4　进度条款的内容

1.【答案】B

【解析】不论何种原因造成工程的实际进度与合同进度计划不符时，承包人均应在 14 天内向监理人提交修订合同进度计划的申请报告，并附有关措施和相关资料，报监理人审批。

2.【答案】C

【解析】监理人应在开工日期 7 天前向承包人发出开工通知。

3.【答案】ABDE

【解析】在履行合同过程中，由于发包人的下列原因造成工期延误的，承包人有权要求发包人延长工期和（或）增加费用，并支付合理利润。

（1）增加合同工作内容。

（2）改变合同中任何一项工作的质量要求或其他特性。

（3）发包人延迟提供材料、工程设备或变更交货地点的。

（4）因发包人原因导致的暂停施工。

（5）提供图纸延误。

（6）未按合同约定及时支付预付款、进度款。

（7）发包人造成工期延误的其他原因。

考点 5　工程结算

1.【答案】D

【解析】总价子目的计量和支付应以总价为基础，不因价格调整因素而进行调整。承包人实际完成的工程量，是进行工程目标管理和控制进度支付的依据。本题考查工程目标管理和控制进度支付的依据，即承包人实际完成的工程量，故选项 D 正确。

2.【答案】C

【解析】一般工程预付款为签约合同价的 10%。

3.【答案】C

【解析】发包人应在监理人收到进度付款申请单后的 28 天内，将进度应付款支付给承包人。

4.【答案】B

【解析】根据《住房城乡建设部财政部关于印发建设工程质量保证金管理办法的通知》

（建质〔2017〕138号），发包人应按照合同约定方式预留保证金，保证金总预留比例不得高于工程价款结算总额的3%。合同约定由承包人以银行保函替代预留保证金的，保函金额不得高于工程价款结算总额的3%。

5. 【答案】D

【解析】承包人应在合同工程完工证书颁发后28天内，向监理人提交完工付款申请单，并提供相关证明材料。

6. 【答案】ABCE

【解析】完工付款申请单应包括下列内容：

（1）完工结算合同总价。

（2）发包人已支付承包人的工程价款。

（3）应扣留的质量保证金。

（4）应支付的完工付款金额。

考点 6 变更与索赔的处理方法与原则

1. 【答案】C

【解析】在履行合同过程中，经发包人同意，监理人可按变更程序向承包人作出变更指示，承包人应遵照执行。没有监理人的变更指示，承包人不得擅自变更。故选项C正确。

2. 【答案】A

【解析】若承包人具备承担暂估价项目的能力且明确参与投标的，由发包人组织招标。

3. 【答案】BCE

【解析】属于承包人发出的文件有：书面变更建议，变更报价书，变更实施方案。变更意向书、撤销变更意向书都属于监理人发出的。

4. 【答案】BCDE

【解析】在履行合同中发生以下情形之一，应进行变更：

（1）取消合同中任何一项工作，但被取消的工作不能转由发包人或其他人实施。

（2）改变合同中任何一项工作的质量或其他特性。

（3）改变合同工程的基线、标高、位置或尺寸。

（4）改变合同中任何一项工作的施工时间或改变已批准的施工工艺或顺序。

（5）为完成工程需要追加的额外工作。

（6）增加或减少专用合同条款中约定的关键项目工程量超过其工程总量的一定数量百分比。

故选项B、C、D、E正确。

5. 【答案】B

【解析】监理人应在收到承包人书面报告后的14天内，将异议的处理意见通知承包人，并执行赔付。

6. 【答案】D

【解析】承包人应在发出索赔意向通知书后28天内，向监理人正式递交索赔通知书。

考点 7 施工分包的要求

1. 【答案】B

【解析】分包单位进场需经监理单位批准。

2. 【答案】D

【解析】项目法人一般不得直接指定分包人。但在合同实施过程中，如承包人无力在合同规定的期限内完成合同中的应急防汛、抢险等危及公共安全和工程安全的项目，项目法人经项目的上级主管部门同意，可根据工程技术、进度的要求，对该应急防汛、抢险等项目的部分工程指定分包人。故选项D正确。

3. 【答案】C

【解析】工程分包的发包单位不是该工程的承包单位，或劳务作业分包的发包单位不是该工程的承包单位或工程分包单位的属于出借借用资质。

4. 【答案】B

【解析】水利工程施工分包中，承包人将其承包工程中的劳务作业发包给其他企业或组织完成的活动称为劳务分包。

【名师点拨】工程分包，是指承包人将其所承包工程中的部分工程发包给具有与分包工程相应资质的其他施工企业完成的活动；劳务作业分包，是指承包人将其承包工程中的劳务作业发包给其他企业或组织完成的活动。

5.【答案】ACE

【解析】承包人在施工现场所设项目管理机构的项目负责人、技术负责人、财务负责人、质量管理人员、安全管理人员必须是工程承包人本单位的人员。

2F320000—2F320060

考点 1 项目法人（建设单位）质量管理的主要内容

1.【答案】C

【解析】在工程开工前，项目法人（建设单位）应按规定向水利工程质量监督机构办理工程质量监督手续。

2.【答案】A

【解析】项目法人（建设单位）应组织设计和施工单位进行设计交底。

3.【答案】D

【解析】监理合同是委托合同，根据《中华人民共和国合同法》，建设工程实行监理的，发包人应当与监理人采用书面形式订立委托监理合同。

4.【答案】AD

【解析】勘察、设计合同的内容包括提交有关基础资料和文件（包括概预算）的期限、质量要求、费用以及其他协作条件等条款。

5.【答案】C

【解析】根据关于《贯彻质量发展纲要、提升水利工程质量的实施意见》（水建管〔2012〕581号），到2015年，水利工程质量整体水平保持稳中有升，重点骨干工程的耐久性、安全性、可靠性普遍增强；水利工程质量通病治理取得显著成效；大中型水利工程项目一次验收合格率达到100%，其他水利工程项目一次验收合格率达到98%以上，人民群众对水利工程质量（特别是民生水利工程质量）满意度明显提高，水利工程质量投诉率显著下降，水利工程质量技术创

新能力明显增强。

6.【答案】A

【解析】本题考查的是项目法人（建设单位）质量管理的主要内容。项目法人质量考核结果分4个等级：

A级，考核排名前10名，且得分90分及以上的。

B级，A级以后，且得分80分及以上的。

C级，B级以后，且得分在60分及以上的。

D级，得分60分以下或发生重、特大质量事故的。

故本题选项A正确。

考点 2 水利工程设计单位质量管理的内容

1.【答案】ACD

【解析】施工组织设计部分的经济性应满足下列要求：

（1）围堰结构形式应优先考虑利用当地材料及开挖渣料，经济合理。

（2）导流建筑物规模选择恰当。

（3）料源的选择、料场的规划以及材料的开采、加工、运输、存放等环节切合实际，且经济合理。

（4）主体工程施工方案经济合理，设备选型恰当。

（5）对外交通方案符合实际，经济合理，宜永久与临时结合，统筹考虑。

（6）施工进度、土石方平衡、施工临时设施规模及施工临时占地合理。

（7）工程量计算符合有关规范规定，计算成果基本准确。

2.【答案】AD

【解析】

选项A正确，现场服务体系建立情况，属于涉及勘察设计质量保证的考核要点。

选项B错误，质量控制体系建立情况，属于监理单位质量控制考核的内容。

选项C错误，质量保证体系建立情况，属于施工单位质量保证考核的内容。

选项D正确，现场设计服务情况，属于涉

及勘察设计质量保证的考核要点。

选项 E 错误，施工现场管理情况，属于施工单位质量保证考核的内容。

考点 3 水利工程施工单位质量管理的内容

1. **【答案】** B

   【解析】 施工单位施工质量保证的考核要点：

   （1）质量保证体系建立情况。

   （2）施工过程质量控制情况。

   （3）施工现场管理情况。

   （4）已完工程实体质量情况。

   现场服务体系建立情况属于勘察设计单位考核内容。故选项 B 符合题意。

2. **【答案】** D

   【解析】 竣工工程质量必须符合国家和水利行业现行的工程标准及设计文件要求，施工单位应向项目法人（建设单位）提交完整的技术档案、试验成果、有关资料。

3. **【答案】** B

   【解析】 施工单位要推行全面质量管理，建立健全质量保证体系，制定和完善岗位质量规范、质量责任及考核办法，落实质量责任制。在施工过程中要加强质量检验工作，认真执行"三检制"，切实做好工程质量的全过程控制。本题考查的是实施"三检制"的主体，应为施工单位，故选项 B 正确。

4. **【答案】** A

   【解析】 施工单位不得将其承接的水利建设项目的主体工程进行转包。对工程的分包，分包单位必须具备相应资质等级，并对其分包工程的施工质量向总包单位负责，总包单位对全部工程质量向项目法人（建设单位）负责。

5. **【答案】** C

   【解析】 建筑业企业资质等级分为总承包、专业承包和劳务分包。

考点 4 施工质量事故分类与施工质量事故处理的要求

1. **【答案】** D

   【解析】 较大质量事故指对工程造成较大经济损失或延误较短工期，经处理后不影响正常使用但对工程使用寿命有一定影响的事故。

   【名师点拨】 一般质量事故指对工程造成一定经济损失，经处理后不影响正常使用并不影响使用寿命的事故。

   较大质量事故指对工程造成较大经济损失或延误较短工期，经处理后不影响正常使用但对工程使用寿命有一定影响的事故。

   重大质量事故指对工程造成重大经济损失或较长时间延误工期，经处理后不影响正常使用但对工程使用寿命有较大影响的事故。

   特大质量事故指对工程造成特大经济损失或长时间延误工期，经处理仍对正常使用和工程使用寿命有较大影响的事故。

2. **【答案】** C

   【解析】 题目中为小型闸墩混凝土浇筑施工，直接经济损失为 80 万元，在 30~100（含）万元之间，故属于较大质量事故。

   【名师点拨】 质量事故分类按直接经济损失（万元）划分时，大体积混凝土、金属制作和机电安装工程事故等级由高到低对应金额为：3000~500~100~20；土石方工程、混凝土薄壁工程事故等级由高到低对应金额为：1000~100~30~10。

3. **【答案】** ACD

   【解析】 根据《水利工程质量事故处理暂行规定》，工程质量事故按直接经济损失的大小，检查、处理事故对工期的影响时间长短和对工程正常使用的影响，分类为一般质量事故、较大质量事故、重大质量事故、特大质量事故。

4. **【答案】** BDE

   【解析】

   （1）一般质量事故指对工程造成一定经济损失，经处理后不影响正常使用并不影响使用寿命的事故。

   （2）较大质量事故指对工程造成较大经济损失或延误较短工期，经处理后不影响正常使用但对工程使用寿命有一定影响的事故。

（3）重大质量事故指对工程造成重大经济损失或较长时间延误工期，经处理后不影响正常使用但对工程使用寿命有较大影响的事故。

（4）特大质量事故指对工程造成特大经济损失或长时间延误工期，经处理仍对正常使用和工程使用寿命有较大影响的事故。

本题考查对工程使用寿命有影响的事故，故选项 B、D、E 正确。

5.【答案】D

【解析】发生质量事故后，项目法人必须将事故的简要情况向项目主管部门报告。

6.【答案】ABE

【解析】根据《水利工程质量事故处理暂行规定》（水利部令第 9 号），事故发生后，事故单位要严格保护现场，采取有效措施抢救人员和财产，防止事故扩大。因抢救人员、疏导交通等原因需移动现场物件时，应作出标志、绘制现场简图并作出书面记录，妥善保管现场重要痕迹、物证，并进行拍照或录像。

7.【答案】ABCD

【解析】有关事故报告应包括以下主要内容：

（1）工程名称、建设地点、工期，项目法人、主管部门及负责人电话。

（2）事故发生的时间、地点、工程部位以及相应的参建单位名称。

（3）事故发生的简要经过、伤亡人数和直接经济损失的初步估计。

（4）事故发生原因初步分析。

（5）事故发生后采取的措施及事故控制情况。

（6）事故报告单位、负责人以及联络方式。

8.【答案】AD

【解析】重大质量事故，由项目法人负责组织有关单位提出处理方案，征得事故调查组意见后，报省级水行政主管部门或流域机构审定后实施。特大质量事故，由项目法人负责组织有关单位提出处理方案，征得事故调

查组意见后，报省级水行政主管部门或流域机构审定后实施，并报水利部备案。故选项 A、D 正确。

【名师点拨】一般质量事故，由项目法人负责组织有关单位制定处理方案并实施，报上级主管部门备案。

较大质量事故，由项目法人负责组织有关单位制定处理方案，经上级主管部门审定后实施，报省级水行政主管部门或流域备案。

重大质量事故，由项目法人负责组织有关单位提出处理方案，征得事故调查组意见后，报省级水行政主管部门或流域机构审定后实施。

特大质量事故，由项目法人负责组织有关单位提出处理方案，征得事故调查组意见后，报省级水行政主管部门或流域机构审定后实施，并报水利部备案。

故只有重大质量事故，特大质量事故报省级水行政主管部门或流域机构审定后实施。

9.【答案】B

【解析】质量缺陷备案资料必须按竣工验收的标准制备，作为工程竣工验收备查资料存档。质量缺陷备案表由监理单位组织填写。

考点 5　水利工程质量监督

1.【答案】D

【解析】从工程开工前办理质量监督手续始，到工程竣工验收委员会同意工程交付使用止，为水利工程建设项目的质量监督期（含合同质量保修期）。

2.【答案】D

【解析】各级质量监督机构的质量监督人员由专职质量监督员和兼职质量监督员组成。其中，兼职质量监督员为工程技术人员，凡从事该工程监理、设计、施工、设备制造的人员不得担任该工程的兼职质量监督员。选项 A、B、C 均为不得担任工程的兼职质量监督员，故选项 D 正确。

3.【答案】ABCD

【解析】根据水利部《水利建设质量工作考

核办法》（水建管〔2018〕102号），涉及建设项目质量监督管理工作主要考核以下内容：

(1) 质量监督计划。

(2) 参建单位质量行为和实体质量检查。

(3) 工程质量核备。

4.【答案】ABCD

【解析】检测单位资质分为岩土工程、混凝土工程、金属结构、机械电气和量测共5个类别，每个类别分为甲级、乙级2个等级。

考点 6　水力发电工程质量管理的要求

1.【答案】D

【解析】各单位在工程项目现场的行政负责人对本单位在工程建设中的质量工作负直接领导责任。

2.【答案】A

【解析】设计单位推荐材料、设备时应遵循"定型不定厂"的原则，不得指定供货厂家或产品。

3.【答案】ACD

【解析】施工单位应按"三级检查制度"（班组初检、作业队复检、项目部终检）的原则进行自检。

2F320000—2F320070

考点 1　项目划分的原则

1.【答案】D

【解析】本题考查分部工程项目划分原则的内容。同一单位工程中，各个分部工程的工程量（或投资）不宜相差太大，每个单位工程中的分部工程数目，不宜少于5个。

2.【答案】D

【解析】单位工程项目划分原则中，除险加固工程按招标标段或加固内容，并结合工程量划分单位工程。

3.【答案】C

【解析】项目划分由项目法人组织监理、设计及施工等单位共同商定，同时确定主要单位工程、主要分部工程、主要隐蔽单元工程和关键部位单元工程，项目法人在主体工程开工前将项目划分表及说明书面报相应的工程质量监督机构确认。

4.【答案】ABCE

【解析】《水利水电工程施工质量检验与评定规程》对有关质量术语进行了修订和补充：水利水电工程质量工程满足国家和水利行业相关标准及合同约定要求的程度，在安全性、使用功能、适用性、外观及环境保护等方面的特性总和。

5.【答案】CDE

【解析】中间产品指工程施工中使用的砂石集料、石料、混凝土拌合物、砂浆拌合物、混凝土预制构件等土建类工程的成品及半成品。

考点 2　施工质量检验的要求

1.【答案】C

【解析】钢筋取样时，钢筋端部要先截去500mm再取试样。在拉力检验项目中，包括屈服点、抗拉强度和伸长率三个指标。如有一个指标不符合规定，即认为拉力检验项目不合格。

2.【答案】A

【解析】原材料、中间产品一次抽检不合格时，应及时对同一取样批次另取2倍数量进行检验。

3.【答案】ABCD

【解析】工程质量检验包括施工准备检查，原材料与中间产品质量检验，水工金属结构、启闭机及机电产品质量检查，单元（工序）工程质量检验，质量事故检查和质量缺陷备案，工程外观质量检验等。

考点 3　施工质量评定的要求

1.【答案】B

【解析】工程项目施工质量评定为优良，则单位工程全部合格，其中70%以上达到优良。

2.【答案】B

【解析】外观质量得分率，指单位工程外观质量实际得分占应得分数的百分数。

3.【答案】C

【解析】单元工程或工序质量经鉴定达不到设计要求，经加固补强后，改变外形尺寸或造成永久性缺陷的，经项目法人、监理及设计单位确认能基本满足设计要求，其质量可按合格处理。

4.【答案】AB

【解析】本题考查的是施工质量评定的要求。

选项A正确，所含单元工程质量全部合格，其中70%以上达到优良等级，符合分部工程质量优良评定标准。

选项B正确，主要单元工程以及重要隐蔽单元工程（关键部位单元工程）质量优良率达90%以上，且未发生过质量事故，符合分部工程质量优良评定标准。

选项C错误，中间产品质量全部合格。

选项D错误，外观质量得分率达到85%以上（不含85%）是单位工程施工质量优良评定标准。

选项E错误，原材料质量、金属结构及启闭机制造质量合格，机电产品质量合格。

5.【答案】B

【解析】参加工程外观质量评定的人员应具有工程师以上技术职称或相应执业资格。评定组人数应不少于5人，大型工程宜不少于7人。题目考查评定组人数，选项B正确。

6.【答案】CDE

【解析】本题考查的是施工质量评定的要求。

选项A错误，重要隐蔽单元工程报工程质量监督机构核备。

选项B错误，关键部位单元工程报工程质量监督机构核备。

选项C正确，单位工程报工程质量监督机构核定。

选项D正确，工程外观报工程质量监督机构核定。

选项E正确，工程项目向工程质量监督机构核定。

考点 4　单元工程质量等级评定标准

1.【答案】A

【解析】单元工程是日常工程质量考核的基本单位，它是以有关设计、施工规范为依据的，其质量评定一般不超出这些规范的范围。

2.【答案】D

【解析】水利工程中的单元工程施工质量验收评定中，监理单位收到申请后，应在8小时内进行复核。

3.【答案】ACE

【解析】合格等级标准：

（1）主控项目，检验结果应全部符合相关标准的要求。

（2）一般项目，逐项应有70%及以上的检验点合格，且不合格点不应集中。

（3）各项报验资料应符合相关标准要求。

考点 5　施工质量评定表的使用

1.【答案】D

【解析】单元（工序）工程表尾填写，施工单位由负责终验的人员签字。

2.【答案】D

【解析】合格率：用百分数表示，小数点后保留一位。如果恰为整数，则小数点后以0表示。例：95.0%。

3.【答案】B

【解析】单元（工序）工程完工后，应及时评定其质量等级，并按现场检验结果，如实填写《评定表》。现场检验应遵守随机取样原则。本题考查取样原则，应为随机取样，故选项B符合题意。

2F320000—2F320080

考点 1　水利工程项目法人的安全生产责任

1.【答案】A

【解析】根据《安全生产管理规定》，项目法人在对施工投标单位进行资格审查时，应对投标单位的主要负责人、项目负责人以及专职安全生产管理人员是否经水行政主管部门安全生产考核合格进行审查。本题考查对施工投标单位进行资格审查的部门，为水行政主管部门，故选项 A 符合题意。

2. 【答案】C

【解析】根据《安全生产管理规定》，项目法人应当将水利工程中的拆除工程和爆破工程发包给具有相应水利水电工程施工资质等级的施工单位。项目法人应当在拆除工程或者爆破工程施工 15 日前，将相关资料报送水行政主管部门、流域管理机构或者其委托的安全生产监督机构备案。

3. 【答案】C

【解析】根据《水电水利工程施工重大危险源辨识及评价导则》（DI/T 5274—2012），依据事故可能造成的人员伤亡数量及财产损失情况，重大危险源共划分为 4 级。

4. 【答案】ABC

【解析】项目法人在对施工投标单位进行资格审查时，应当对投标单位的主要负责人、项目负责人以及专职安全生产管理人员是否经水行政主管部门安全生产考核合格进行审查。有关人员未经考核合格的，不得认定投标单位的投标资格。

5. 【答案】ABC

【解析】根据《水利工程施工安全管理导则》（SL 721—2015），安全生产管理制度基本内容包括：

(1) 工作内容。

(2) 责任人（部门）的职责与权限。

(3) 基本工作程序及标准。

考点 2　水利工程勘察设计与监理单位的安全生产责任

1. 【答案】A

【解析】采用新结构、新材料、新工艺以及特殊结构的水利工程，设计单位应当在设计中提出保障施工作业人员安全和预防生产安全事故的措施建议。本题考查提出建议的单位，即设计单位，故选项 A 符合题意。

2. 【答案】A

【解析】在落实单位的安全生产责任时，对设计单位安全责任的规定中包括设计标准、设计文件和设计人员三个方面。故选项 A 符合题意。

3. 【答案】C

【解析】本题考查的是水利工程勘察设计与监理单位的安全生产责任。

选项 A 说法正确，勘察（测）单位应当按照法律、法规和工程建设强制性标准进行勘察（测），提供的勘察（测）文件必须真实、准确。

选项 B 说法正确，建设监理单位和监理人员对水利工程建设安全生产承担监理责任。

选项 C 说法错误，监理人员在实施监理过程中，发现存在生产安全事故隐患的，应当要求施工单位整改；对情况严重的，应当要求施工单位暂时停工。

选项 D 说法正确，设计单位应当参与与设计有关的生产安全事故分析，并承担相应的责任。

4. 【答案】BCE

【解析】对设计单位安全责任的规定中包括设计标准、设计文件和设计人员三个方面。

考点 3　水利工程施工单位的安全生产责任

1. 【答案】C

【解析】水利水电工程施工企业管理人员安全生产考核合格证书有效期为 3 年。有效期满需要延期的，应当于期满前 3 个月内向原发证机关申请办理延期手续。本题考查项目负责人安全生产考核合格证书有效期，项目负责人属于施工企业管理人员，故选项 C 符合题意。

2. 【答案】A

【解析】施工单位应当对管理人员和作业人员每年至少进行 1 次安全生产教育培训，其教育培训情况记入个人工作档案。安全生产教育培训考核不合格的人员，不得上岗。

3.【答案】B

【解析】施工单位应当在施工组织设计中编制安全技术措施和施工现场临时用电方案，对达到一定规模的、危险性较大的工程应当编制专项施工方案，并附具安全验算结果，经施工单位技术负责人签字以及总监理工程师核签后实施，由专职安全生产管理人员进行现场监督。

4.【答案】D

【解析】施工单位从事水利工程的新建、扩建、改建、加固和拆除等活动，应当具备国家规定的注册资本、专业技术人员、技术装备和安全生产等条件，依法取得相应等级的资质证书，并在其资质等级许可的范围内承揽工程。

5.【答案】AE

【解析】安全生产管理三类人员考核按照统一规划、分级管理的原则实施。

考点 4　水利工程建设项目风险管理和安全事故应急管理

1.【答案】B

【解析】风险控制应采取经济、可行、积极的处置措施，具体风险处置方法有：风险规避、风险缓解、风险转移、风险自留、风险利用等方法。处置方法的采用应符合以下原则：

（1）损失大、概率大的灾难性风险，应采取风险规避。

（2）损失小、概率大的风险，宜采取风险缓解。

（3）损失大、概率小的风险，宜采用保险或合同条款将责任进行风险转移。

（4）损失小、概率小的风险，宜采用风险自留。

（5）有利于工程项目目标的风险，宜采用风险利用。

2.【答案】D

【解析】风险处置方法包括风险规避、风险缓解、风险转移、风险自留、风险利用等。

3.【答案】BCDE

【解析】根据《大中型水电工程建设风险管理规范》（GB/T 50927—2013）水利水电工程建设风险分为以下五类：

（1）人员伤亡风险。

（2）经济损失风险。

（3）工期延误风险。

（4）环境影响风险。

（5）社会影响风险。

4.【答案】A

【解析】应急管理工作原则包括：

（1）以人为本，安全第一。

（2）属地为主，部门协调。

（3）分工负责，协同应对。

（4）专业指导，技术支撑。

（5）预防为主，平战结合。

5.【答案】B

【解析】发生重特大事故，各单位应力争20分钟内快报、40分钟内书面报告水利部。

6.【答案】C

【解析】死亡3人，直接经济损失800万，属于较大事故。

7.【答案】B

【解析】较大事故，指已经或者可能导致死亡（含失踪）3人以上、10人以下，或重伤（中毒）10人以上、50人以下，或直接经济损失1000万元以上、5000万元以下的事故。

8.【答案】C

【解析】较大事故，指已经或者可能导致死亡（含失踪）3人以上、10人以下，或重伤（中毒）10人以上、50人以下，或直接经济损失1000万元以上、5000万元以下的事故。

9.【答案】D

【解析】生产安全事故应急预案中应包含与地方公安、消防、卫生以及其他社会资源的调度协作方案，为第一时间开展应急救援提供物资与装备保障。

10.【答案】ABCE

【解析】应急工作应当遵循"以人为本、安全第一；属地为主、部门协调；分工负责、协同应对；专业指导、技术支撑；预防为主、平战结合"的原则。选项D描述错误，故选项A、B、C、E正确。

考点 5　水利工程安全生产标准化的要求

1.【答案】C

【解析】本题考查的是水利工程安全生产标准化的要求。具体标准为：

一级：评审得分90分以上（含），且各一级评审项目得分不低于应得分的70%。

二级：评审得分80分以上（含），且各一级评审项目得分不低于应得分的70%。

三级：评审得分70分以上（含），且各一级评审项目得分不低于应得分的60%。

不达标：评审得分低于70分，或任何一项一级评审项目得分低于应得分的60%。

本题中标准化评审得分85分，各一级评审项目得分不低于应得分的65%，则该企业的安全生产标准化等级应为三级，故选项C正确。

2.【答案】D

【解析】被撤销水利安全生产标准化等级的单位，自撤销之日起，须按降低至少一个等级重新申请评审；且自撤销之日起满1年后，方可申请被降低前的等级评审。题目中考查满多少个月，1年即12个月，故选项D正确。

3.【答案】C

【解析】文明工地实行届期制，每两年通报一次。在上一届期已被命名为文明工地的，如符合条件，可继续申报下一届。

考点 6　水力发电工程安全管理的要求

【答案】B

【解析】建设单位对电力建设工程施工安全负全面管理责任。应在电力建设工程开工报告批准之日起15日内，将保证安全施工的措施向建设工程所在地国家能源局派出机构备案。

2F320000—2F320090

考点 1　水利工程验收的分类及要求

1.【答案】B

【解析】法人验收应包括分部工程验收、单位工程验收、水电站（泵站）中间机组启动验收、合同工程完工验收等；政府验收应包括阶段验收、专项验收、竣工验收等。验收主持单位可根据工程建设需要增设验收的类别和具体要求。本题考查政府验收，选项A、C、D属于法人验收，故选项B符合题意。

2.【答案】D

【解析】法人验收包括分部工程验收、单位工程验收、水电站（泵站）中间机组启动验收、合同工程完工验收等。政府验收包括阶段验收、专项验收、竣工验收等。本题考查政府验收，选项A、B、C均属于法人验收，而下闸蓄水验收属于专项验收，故选项D符合题意。

3.【答案】C

【解析】为了加强公益性建设项目的验收管理，《国务院办公厅关于加强基础设施工程质量管理的通知》中指出："项目竣工验收合格后，方可投入使用。对未经验收或验收不合格就交付使用的，要追究项目法定代表人的责任，造成重大损失的，要追究其法律责任。"

4.【答案】BCD

【解析】法人验收应包括分部工程验收、单位工程验收、水电站（泵站）中间机组启动验收、合同工程完工验收等。

5.【答案】CDE

【解析】根据《水利水电建设工程验收规程》（SL 223—2008），水利水电建设工程验收按验收主持单位可分为法人验收和政府验收。法人验收应包括分部工程验收、单位工程验收、水电站（泵站）中间机组启动验收、合同工程完工验收等；政府验收应包括阶段验收、专项验收、竣工验收等。本题考查政府验收，即阶段验收、专项验收、竣工验收，故选项 C、D、E 正确。

6. 【答案】B

【解析】验收过程中发现的问题，其处理原则应由验收委员会（工作组）协商确定。主任委员（组长）对争议问题有裁决权。若1/2 以上的委员（组员）不同意裁决意见时，法人验收应报请验收监督管理机关决定；政府验收应报请竣工验收主持单位决定。

7. 【答案】C

【解析】根据《水利水电建设工程验收规程》（SL 223—2008）的有关规定，验收工作由验收委员会（组）负责，验收结论必须经2/3 以上验收委员会成员同意。

考点 2　水利工程项目法人验收的要求

1. 【答案】A

【解析】分部工程由项目法人（或委托监理单位）主持。

2. 【答案】A

【解析】存在问题及处理意见：主要填写有关本分部工程质量方面是否存在问题，以及如何处理。处理意见应明确存在问题的处理责任单位、完成期限以及应达到的质量标准、存在问题处理后的验收责任单位。本题考查填写分部工程质量方面是否存在问题，故选项 A 符合题意。

3. 【答案】A

【解析】分部工程具备验收条件时，施工单位应向项目法人提交验收申请报告。项目法人应在收到验收申请报告之日起 10 个工作日内决定是否同意进行验收。

4. 【答案】ABD

【解析】分部工程验收工作包括以下主要内容：

（1）检查工程是否达到设计标准或合同约定标准的要求。

（2）评定工程施工质量等级。

（3）对验收中发现的问题提出处理意见。

5. 【答案】A

【解析】根据《水利水电建设工程验收规程》（SL 223—2008）的有关规定，单位工程完工并具备验收条件时，施工单位应向项目法人提出验收申请报告。项目法人应在收到验收申请报告之日起 10 个工作日内决定是否同意进行验收。

6. 【答案】ACDE

【解析】单位工程验收工作包括以下主要内容：

（1）检查工程是否按批准的设计内容完成。

（2）评定工程施工质量等级。

（3）检查分部工程验收遗留问题处理情况及相关记录。

（4）对验收中发现的问题提出处理意见。

（5）单位工程投入使用验收除完成以上工作内容外，还应对工程是否具备安全运行条件进行检查。

7. 【答案】D

【解析】合同工程具备验收条件时，施工单位应向项目法人提出验收申请报告。项目法人应在收到验收申请报告之日起 20 个工作日内决定是否同意进行验收。

8. 【答案】ABCD

【解析】合同工程完工验收应由项目法人主持。验收工作组应由项目法人、勘测、设计、监理、施工、主要设备制造（供应）商等单位的代表组成。

9. 【答案】ACDE

【解析】本题考查的是水利工程项目法人验收的要求。

选项 A 正确，观测仪器和设备已测得初始值及施工期各项观测值。

选项 B 错误，工程质量缺陷已按要求进行处理。

选项 C 正确，施工现场已经进行清理。

选项 D 正确，工程完工结算已完成。

选项 E 正确，合同范围内的工程项目已按合同约定完成。

10. 【答案】ABC

【解析】合同工程完工验收工作包括以下主要内容：

（1）检查合同范围内工程项目和工作完成情况。

（2）检查施工现场清理情况。

（3）检查已投入使用工程运行情况。

（4）检查验收资料整理情况。

（5）鉴定工程施工质量。

（6）检查工程完工结算情况。

（7）检查历次验收遗留问题的处理情况。

（8）对验收中发现的问题提出处理意见。

（9）确定合同工程完工日期。

（10）讨论并通过合同工程完工验收鉴定书。

考点 3　水利工程阶段验收和专项验收的要求

1.【答案】D

【解析】根据《水利水电建设工程验收规程》（SL 223—2008）的有关规定，阶段验收由竣工验收主持单位或其委托单位主持。阶段验收委员会应由验收主持单位、质量和安全监督机构、运行管理单位的代表以及有关专家组成。必要时，可邀请地方政府及有关部门参加。本题考查阶段验收由哪个单位主持，应为竣工验收主持单位，故选项D符合题意。

2.【答案】ACE

【解析】水利水电建设项目竣工环境保护验收技术工作分为准备、验收调查、现场验收三个阶段。

3.【答案】D

【解析】根据《水利工程建设项目档案管理规定》（水办〔2005〕480号），当有关文件材料需由若干单位保存时，原件应由项目产权单位保存，其他单位保存复制件。

4.【答案】C

【解析】根据《水利工程建设项目档案管理规定》（水办〔2005〕480号），施工单位按施工图施工没有变动的，须在施工图上加盖并签署竣工图章。

5.【答案】A

【解析】根据《水利工程建设项目档案管理规定》（水利部水办〔2005〕480号）的有关规定，水利工程档案的保管期限分为永久、长期、短期三种。

考点 4　水利工程竣工验收的要求

1.【答案】A

【解析】根据《水利水电建设工程验收规程》（SL 223—2008），水利竣工验收应在工程建设项目全部完成并满足一定运行条件后1年内进行。不能按期进行竣工验收的，经竣工验收主持单位同意，可适当延长期限，但最长不得超过6个月。本题考查竣工验收时间，应在项目完建后1年进行。故选项A符合题意。

2.【答案】C

【解析】根据《水利水电建设工程验收规程》（SL 223—2008），工程质量保修期应从工程通过合同工程完工验收后开始计算，但合同另有约定的除外。

3.【答案】ABCE

【解析】申请竣工验收前，项目法人应组织竣工验收自查。自查工作由项目法人主持，勘测、设计、监理、施工、主要设备制造（供应）商以及运行管理等单位的代表参加。质量监督机构是质量监督单位，故选项A、B、C、E正确。

考点 5　水力发电工程验收的要求

1.【答案】A

【解析】工程截流验收由项目法人会同工程所在地省级人民政府能源主管部门共同组织验收委员会进行。

2.【答案】ABC

【解析】水电工程通过竣工验收的条件包括：

（1）已按规定完成各专项竣工验收的全部工作。

（2）各专项验收意见均有明确的可以通过工程竣工验收的结论。

（3）已妥善处理竣工验收中的遗留问题和完成尾工。

（4）符合其他有关规定。

考点 6 小型项目验收的要求

1.【答案】ADE

【解析】小型除险加固项目验收分为法人验收和政府验收，法人验收包括分部工程验收和单位工程验收，政府验收包括蓄水验收（或主体工程完工验收）和竣工验收。本题考查政府验收，故选项A、D、E正确。

2.【答案】B

【解析】小水电站工程验收按工程项目划分及验收流程分为分部工程验收、单位工程验收、合同工程完工验收、阶段验收、专项验收和竣工验收。

2F320000—2F320100

考点 1 水利工程项目施工监理

1.【答案】C

【解析】水利工程建设项目施工监理的主要工作方法是：

（1）现场记录。

（2）发布文件。

（3）旁站监理。

（4）巡视检查。

（5）跟踪检测。

（6）平行检测。

（7）协调。

2.【答案】A

【解析】监理机构在承包人自行检测的同时独立进行检测，以核验承包人的检测结果。平行检测的费用由发包人，也就是项目法人承担。

3.【答案】A

【解析】根据《水利工程建设项目施工监理规范》（SL 288—2014）的有关规定，监理机构可采用跟踪检测方法对承包人的检验结果进行复核。跟踪检测的检测数量，混凝土试样不应少于承包人检测数量的7%，土方试样不应少于承包人检测数量的10%。本题考查跟踪检测土方试样，应不少于承包人检测数量的10%。故选项A正确。

4.【答案】A

【解析】水利工程建设项目施工监理开工条件的控制包括签发开工通知、分部工程开工、单元工程开工、混凝土浇筑开仓。本题考查不包括的条件，故选项A正确。

考点 2 水力发电工程项目施工监理

1.【答案】ABC

【解析】水利工程建设项目施工监理的主要工作方法有现场记录、发布文件、旁站监理、巡视检查、跟踪检测、平行检测、协调。

2.【答案】A

【解析】工程变更依据其性质与对工程项目的影响程度，分为重大工程变更、较大工程变更、一般工程变更、常规设计变更四类。

2F330000　水利水电工程项目施工相关法规与标准

2F331000—2F331010

考点 1　水工程实施保护和建设许可的相关规定

1.【答案】B

【解析】根据《防洪法》，河道管理范围按有堤防和无堤防两种情况而有所不同。

2.【答案】C

【解析】根据《水法》，国家对水工程实施保护。国家所有的水工程应当按照国务院的规定划定工程管理和保护范围。

3.【答案】ABCE

【解析】在水工程保护范围内，禁止从事影响水工程运行和危害水工程安全的爆破、打井、采石、取土等活动。

4.【答案】A

【解析】根据《水法》第三十七条规定："禁止在江河、湖泊、水库、运河、渠道内弃置、堆放阻碍行洪的物体和种植阻碍行洪的林木及高秆作物。禁止在河道管理范围内建设妨碍行洪的建筑物、构筑物以及从事影响河势稳定、危害河岸堤防安全和其他妨碍河道行洪的活动"。故在渠道内堆放阻碍行洪的物体属于禁止性规定。

5.【答案】C

【解析】限制性规定如《水法》第三十八条："在河道管理范围内建设桥梁、码头和其他拦河、跨河、临河建筑物、构筑物，铺设跨河管道、电缆，应当符合国家规定的防洪标准和其他有关的技术要求，工程建设方案应当依照防洪法的有关规定报经有关水行政主管部门审查同意。"

6.【答案】BCDE

【解析】根据《关于全面推行河长制的意见》，全面建立省、市、县、乡四级河长体系。

7.【答案】A

【解析】根据《水法》，流域范围内的区域规划应当服从流域规划，专业规划应当服从综合规划。流域综合规划和区域综合规划以及与土地利用关系密切的专业规划，应当与国民经济和社会发展规划以及土地利用总体规划、城市总体规划和环境保护规划相协调，兼顾各地区、各行业的需要。

8.【答案】B

【解析】根据《水法》，建设水工程，必须符合流域综合规划。在国家确定的重要江河、湖泊和跨省、自治区、直辖市的江河、湖泊上建设水工程，其工程可行性研究报告报请批准前，有关流域管理机构应当对水工程的建设是否符合流域综合规划进行审查并签署意见。对水工程的建设是否符合流域综合规划进行审查的为有关流域管理机构。

9.【答案】B

【解析】未经水行政主管部门或者流域管理机构同意，擅自修建水工程，由县级以上人民政府水行政主管部门或者流域管理机构依据职权，责令停止违法行为，限期补办有关手续。

考点 2　防洪的相关规定

1.【答案】B

【解析】根据《防洪法》，包括分洪口在内的河堤背水面以外临时贮存洪水的低洼地区及湖泊等，称为蓄滞洪区。

2.【答案】D

【解析】在蓄滞洪区内的建设项目投入生产或使用时，其防洪工程设施应当经水行政主管部门验收。本题考查蓄滞洪区内防洪工程的验收部门为水行政主管部门，故选项 D 符合题意。

3.【答案】ABC

【解析】根据《防洪法》，防洪区是指洪水泛滥可能淹及的地区，分为洪泛区、蓄滞洪区和防洪保护区。本题考查属于防洪区的区域，故选项A、B、C符合题意。

4.【答案】C

【解析】工程设施需要占用河道、湖泊管理范围内土地，跨越河道、湖泊空间或者穿越河床的，建设单位应当经有关水行政主管部门对该工程设施建设的位置和界限审查批准后，方可依法办理开工手续。

5.【答案】C

【解析】防汛抗洪工作实行各级人民政府行政首长负责制，统一指挥、分级分部门负责。

6.【答案】C

【解析】保证水位是指保证江河、湖泊在汛期安全运用的上限水位。相应保证水位时的流量称为安全流量。

7.【答案】B

【解析】国务院设立国家防汛指挥机构，负责领导、组织全国的防汛抗洪工作，其办事机构设在国务院水行政主管部门。

8.【答案】B

【解析】江河、湖泊的水位在汛期上涨可能出现险情之前而必须开始警戒并准备防汛工作时的水位称为警戒水位。

9.【答案】ADE

【解析】当江河、湖泊的水情接近保证水位或者安全流量，水库水位接近设计洪水位，或者防洪工程设施发生重大险情时，有关县级以上人民政府防汛指挥机构可以宣布进入紧急防汛期。

考点 3 与工程建设有关的水土保持规定

1.【答案】A

【解析】水土保持方案经批准后，生产建设项目的地点、规模发生重大变化的，应当补充或者修改水土保持方案并报原审批机关批准。

2.【答案】B

【解析】按开发建设项目所处水土流失防治区，确定水土流失防治标准执行等级时应符合下列规定：

（1）一级标准。依法划定的国家级水土流失重点预防保护区、重点监督区和重点治理区及省级重点预防保护区。

（2）二级标准。依法划定的省级水土流失重点治理区和重点监督区。

（3）三级标准。一级标准和二级标准未涉及的其他区域。

本题考查省级水土流失重点治理区和重点监督区，应符合二级标准，故选项B符合题意。

3.【答案】A

【解析】根据《水土保持法》，在五度以上坡地植树造林、抚育幼林、种植中药材等，应当采取水土保持措施。

4.【答案】ABCD

【解析】在重力侵蚀地区，地方各级人民政府及其有关部门应当组织单位和个人，采取监测、削坡减载、径流排导、支挡固坡、修建拦挡工程等措施，建立监测、预报、预警体系。

5.【答案】ABC

【解析】根据《水土保持法》，依法应当编制水土保持方案的生产建设项目中的水土保持设施，应当与主体工程同时设计、同时施工、同时投产使用。

2F330000—2F332000

考点 1 水利水电工程建设强制性标准

1.【答案】ABCD

【解析】国内常用标准分为国家标准、行业标准、地方标准、团体标准和企业标准五大类。

2.【答案】A

【解析】采用瑞典圆弧法计算时，4级均质土围堰边坡稳定安全系数，应为≥1.05。

3.【答案】A

【解析】地下开挖，洞内空气含沼气或二氧

化碳浓度超过1%时，禁止进行爆破作业。

4.【答案】C

【解析】中型水利枢纽工程，其主要永久性建筑物级别为3级，对应其围堰级别为5级。当不过水土石围堰为5级时，安全加高下限值为0.5m。

5.【答案】C

【解析】工程建设各单位应建立职业卫生管理规章制度和施工人员职业健康档案，对从事尘、毒、噪声等职业危害的人员应每年进行一次职业体检，对确认职业病的职工应及时给予治疗，并调离原工作岗位。

6.【答案】A

【解析】根据《水工建筑物岩石基础开挖工程施工技术规范》（SL 47—94），严禁在设计建基面、设计边坡附近采用洞室爆破法或药壶爆破法施工。

7.【答案】A

【解析】根据《水工建筑物地下开挖工程施工规范》（SL 378—2007），未经安全技术论证和主管部门批准，地下洞室洞口削坡应自上而下分层进行，严禁上下垂直作业。

8.【答案】A

【解析】根据《水工建筑物地下开挖工程施工规范》（SL 387—2007），当相向开挖的两个工作面相距15m时，应停止一方工作，单向开挖贯通。

9.【答案】AB

【解析】洞内电、气焊作业区，应设有防火设施和消防设备。

10.【答案】D

【解析】钢筋混凝土结构的承重模板，应在混凝土达到下列强度后（按混凝土设计强度的百分率计），才能拆除。悬臂板、梁：跨度≤2m，75%；跨度＞2m，100%。本题考查跨度大于2m的混凝土悬臂板、梁的承重模板达到拆除的强度应为100%，故选项D正确。

11.【答案】B

【解析】根据《水利水电工程施工质量检验与评定规程》（SL 176—2007），对涉及工程结构安全的试块、试件及有关材料，应实行见证取样。见证取样资料由施工单位制备，记录应真实齐全，参与见证取样人员应在相关文件上签字。本题考查见证取样资料的制备单位为施工单位，故选项B符合题意。

12.【答案】D

【解析】根据《水工建筑物地下开挖工程施工技术规范》（DL/T 5099—2011），单向开挖隧洞，安全地点至爆破工作面的距离，应不少于200m。

13.【答案】BD

【解析】对有瓦斯、高温等作业区，应做专项通风设计，并进行监测。

14.【答案】C

【解析】根据《水工建筑物岩石基础开挖工程施工技术规范》（SL 47—1994），严禁在设计建基面、设计边坡附近采用洞室爆破法或药壶爆破法施工。

2F330000—2F333000

考点 1 二级建造师（水利水电工程）注册执业管理规定及相关要求

1.【答案】A

【解析】根据工程等别，当发电装机容量为1500MW时，属于≥1200MW，判定其枢纽工程规模为大（1）型，大中型施工项目负责人必须由本专业注册建造师担任，一级注册建造师可担任大、中、小型工程负责人，二级注册建造师可担任中、小型工程负责人。故本题选项A正确。

2.【答案】C

【解析】大、中型工程施工项目负责人必须由本专业注册建造师担任。一级注册建造师可担任大、中、小型工程施工项目负责人，二级注册建造师可以承担中、小型工程施工项目负责人。本题考查二级注册建造师可以承担的项目为中、小型，故选项C符合题意。

3. 【答案】C

【解析】环境保护工程的分类：单项合同价≥3000万元为大型；单项合同价在3000万～200万元之间为中型；单项合同价＜200万元为小型。根据题意，选项C正确。

【名师点拨】农村饮水工程、河湖整治工程（含疏浚、吹填）、水土保持工程（含防浪林）与环境保护工程标准一致。

4. 【答案】B

【解析】水库大坝工程3、4、5级对应的执业工程规模标准为中型。

5. 【答案】B

【解析】建设部《建筑业企业资质管理规定实施意见》明确《建筑业企业资质等级标准》中涉及水利方面的资质包括：水利水电工程施工总承包（水利专业）企业资质；水工建筑物基础处理工程专业、水工金属结构制作与安装工程专业、河湖整治工程专业、堤防工程专业、水利水电机电设备安装工程专业（水利专业）、水工大坝工程专业、水工隧洞工程专业等7个专业承包企业资质。综上所述，隧道工程专业承包企业资质不属于水利方面的资质，故选项B符合题意。

6. 【答案】BE

【解析】本题考查的是二级建造师（水利水电工程）注册执业工程规模标准。

选项A错误，施工组织设计报审表是施工组织文件。

选项B正确，复工申请表，属于进度管理文件。

选项C错误，变更申请表是合同管理文件。

选项D错误，施工月报表是合同管理文件。

选项E正确，延长工期报审表，属于进度管理文件。

7. 【答案】AC

【解析】水利水电工程注册建造师施工管理签章文件中关于施工组织的文件包括施工组织设计报审表、现场组织机构及主要人员报审表。

8. 【答案】ACDE

【解析】水利水电工程注册建造师施工管理签章文件中，质量管理文件包括施工技术方案报审表、联合测量通知单、施工质量缺陷处理措施报审表、质量缺陷备案表、单位工程施工质量评定表。

案例专题模块

模块一　进度与合同

案例一

1. （1）网络计划总工期为120d。

（2）关键线路：①—②—③—④—⑦—⑧—⑨。

2. （1）事件一的责任方为项目法人。C工作为非关键工作，总时差为35d，延期25d，未超过总时差，不影响工期。

（2）事件二的责任方为项目法人。A1为关键工作，延误3d（23d－20d），影响工期3d。

（3）事件三的责任方为施工单位，A4工作实际完成时间第100d末（80d＋20d），不影响工期。

3. 实际总工期为123d。施工单位应提出75000元的费用补偿要求。

4. 综合事件一、事件二、事件三，根据合同约定，施工单位能够得到的工期奖励或者需要支付的违约金是0。

案例二

1. 事件一中，项目监理机构不应批准工程推迟开工。

理由：施工单位原因造成开工日期推迟。

2. 图1-2所示施工总进度计划的关键线路为A→B→F→I→K→M。

总工期＝10＋15＋45＋10＋20＋15＝115（d）。

3. （1）事件二中，为使赶工费最少，施工单位应分别缩短工作K和工作F的工作时间5d和2d，这样才能既实现建设单位的要求，又能使赶工费用最少。

（2）赶工费总计＝5×1.0＋2×1.2＝7.4（万元）。

（3）计划调整后工作L的总时差＝115－105＝10（d）。

计划调整后工作L的自由时差＝10－0＝10（d）。

4. （1）事件三中，项目监理机构应批准8万元的费用补偿。

理由：由于建设单位采购的材料出现质量检测不合格导致的机械台班损失，应由建设单位承担责任。

（2）事件三中，项目监理机构不应批准工程延期。

理由：工作L不是关键工作，且该工作的总时差为10d，工作L拖延9d，未超过其总时差，不会造成工期的延误。

案例三

1. （1）网络计划的工期为120d。

（2）关键路线：①—②—⑦—⑧—⑨。

2. （1）承包人向发包人提出费用索赔和工期索赔是合理的。

理由：发包人未及时提供施工图纸，是发包人的责任；且堤段Ⅱ混凝土浇筑工作处在关键线路上，其为关键工作，总时差为0，其持续时间增加将造成总工期的延误，故承包人向发包人提出的索赔要求是合理的。

（2）承包人在事件结束后向发包人提交最终索赔通知书不妥。

正确做法：承包人在事件结束后28d内向监理人递交最终索赔通知书。

（3）最终索赔通知书中应包括的主要内容有：说明最终要求索赔的追加金额和延长的工期，并附必要的记录和证明材料。

3. （1）"堤段Ⅰ堤身填筑"工程进度曲线A代表的是计划进度曲线，B代表的是实际进度曲线。

（2）C 值：〔（2100＋2400＋2600）／（2100＋2400＋2600＋2900）〕×100％＝71.00％。

D 值：〔（2000＋2580＋2370）／（2000＋2580＋2370＋3050）〕×100％＝69.50％。

4. 工程预付款＝600×10％＝60（万元）。

前 3 个月累计工程进度款＝40＋165＋205＝410（万元）＞600×60％＝360（万元），应在 3、4 月份平均扣回预付款，每月扣回 30 万元。

3 月份应支付的工程进度款为：205×（1－5％）－30＝164.75（万元）。

5. 4 月份水泥需调价差额 $\Delta P = P_0 \cdot (A + B \times \frac{F_t}{F_0} - 1) = 132 \times (90\% + 10\% \times 105/100 - 1) = 0.66$（万元）。

🔆 案例四

1. （1）计划工期：TP＝20＋65＋40＋50＋20＋15＝210（d）。

关键线路：A→G→H→I→J→E。

（2）A 工作的总时差为 0，C 工作的总时差为 10d。

2. （1）事件一的责任方为发包方，延期 5d，A 为关键工作，所以影响计划工期 5d。

（2）事件二的责任方为承包方，77－65＝12（d）；TFC＝10（d），12－10＝2（d）；所以影响计划工期 2d。

（3）事件三的责任方为承包方，17－15＝2（d）；影响计划工期 2d。

3. （1）第 60d 末，计划应完成工作量：

$V_{计划}$＝10＋7＋8＋6＋8＋6＋8＋8＋6＋8＝75（万元）；

实际完成工作量：

$V_{实际}$＝9＋7＋7＋5＋7＋8＋6＋9＋5＋6＝69（万元）。

$VD_{计划}$＝24＋22＋22＋22＋24＝114（万元）。

实际完成工作量占计划总工作量百分比：69/114×100％＝60.53％。

计划完成工作量占计划总工作量百分比：75/114×100％＝65.79％。

（2）实际比计划拖欠工作量占计划总工作量百分比：

（75－69）/114×100％＝5.26％。

4. （1）工程施工的实际工期：210＋5＋2＋2＝219（d）。

（2）承包人可向发包人提出 5d 延期要求。

🔆 案例五

1. 承包人提交开工报审表的主要内容是按合同进度计划正常施工所需的施工道路、临时设施、材料设备、施工人员等施工组织措施的落实情况以及工程进度安排。

2. 控制性节点工期 T 的最迟时间为 2012 年 5 月 30 日。

理由：施工期间泄洪闸与灌溉涵洞应互为导流，因灌溉涵洞在第二个非汛期施工，泄洪闸加固应安排在第一个非汛期，而 6 月份进入主汛期（在 5 月 30 日前应具备通水条件）。

3. 图 1-6 修订的主要内容包括：

（1）A 工作增加节点②（A 工作后增加虚工作）。

（2）节点⑤、⑥之间增加虚工作（B 工作应是 F 的紧前工作）。

（3）工作 H 与 C 先后对调。

（4）工作 H、C 时间分别为 50 和 90。

4. 按计划，F 工作最早完成日期为 2012 年 5 月 10 日，在施工条件不变情况下，增加 12％的工程量，工作时间需延长 12d（100×12％＝12），F 工作将于 2012 年 5 月 22 日完成，对安全度汛无影响。

5. （1）2 月份监理人认可的已实施工程价款为 98 万元。

（2）工程预付款扣回金额：220－211.43＝8.57（万元）。

截至 2013 年 1 月底合同累计完成金额为 1920 万元，相应工程预付款扣回金额按公式计算结果为 211.43 万元。

截至 2013 年 2 月底合同累计完成金额 2018 万元，相应工程预付款扣回金额按公式计算结果为 225.43 万元。

225.43 万元＞220 万元（2200×10％）。

（3）发包人应支付的工程款：98－8.57＝89.43（万元）。

模块二　安全与质量

案例一

1. 专业分包单位由负责质量管理工作的施工人员兼任现场安全生产监督工作的做法是不妥的。

理由：基坑支护与降水工程、土方和石方开挖工程必须由专职安全生产管理人员进行现场监督，从事安全生产监督工作的人员应经专门的安全培训并持证上岗，对于深基坑的专项方案，施工单位还应当组织专家进行论证、审查。

2. （1）生产安全事故分为特别重大事故、重大事故、较大事故和一般事故 4 个等级。

本起事故中 1 人死亡，1 人重伤，事故应属于一般事故。

（2）本起事故的主要责任应由施工总承包单位承担。

理由：在总监理工程师发出书面通知要求停止施工的情况下，施工总承包单位继续施工，直接导致事故的发生，所以本起事故的主要责任应由施工总承包单位承担。

3. 专业分包单位要求设计单位赔偿事故损失是不妥的。

理由：专业分包单位和设计单位之间不存在合同关系，不能直接向设计单位索赔。专业分包单位可通过施工总承包单位向建设单位索赔，建设单位再向勘察设计单位索赔。

4. 施工单位应对下列达到一定规模的危险性较大的工程编制专项施工方案：①基坑支护与

降水工程；②土方和石方开挖工程；③模板工程；④起重吊装工程；⑤脚手架工程；⑥拆除、爆破工程；⑦围堰工程；⑧其他危险性较大的工程。

案例二

1. （1）水库枢纽工程的规模为中型，等级为Ⅲ等，大坝的级别为 3 级。

（2）①代表的是黏土心墙（防渗体）；②代表的是防浪墙。

（3）A 侧为大坝下游。

2. "四个责任制"，除从业单位质量主体责任制外，还包括从业单位领导人责任制、从业人员责任制、质量终身责任制。

3. 施工单位应确定的主要压实参数包括碾压机具的重量、含水量、碾压遍数、铺土厚度、振动频率及行走速率等。

4. （1）事件三中的事故属于一般质量事故。

（2）一般质量事故，由项目法人负责组织有关单位制定处理方案并实施，报上级主管部门备案。

案例三

1. 水库枢纽的工程等别为Ⅱ等；电站的主要建筑物级别为 2 级；临时建筑物级别为 4 级；本工程施工项目负责人是水利水电专业注册一级建造师。

2. "三类人员"是指：施工企业主要负责人、项目负责人、专职安全生产管理人员。

"三同时"是指：与主体工程同时设计、同时施工、同时投产使用。

3. 水利生产经营单位是指水利工程项目法人、从事水利水电工程施工的企业和水利工程管理单位。

4. 重大危险源重点评价对象有施工用电、变压器的安装、基坑开挖、爆破作业、落地式钢管脚手架施工、高处作业、塔式起重机垂直运输。

案例四

1. 不妥之处：

（1）监理单位人员兼任兼职质量监督员的做法不妥。

理由：凡从事该工程监理、设计、施工、设备制造的人员不得担任该工程的兼职质量监督员。

（2）施工单位对总监理工程师发出的停工通知不予理睬的做法不妥。

理由：施工单位应按监理通知的要求停止施工。

（3）事故发生后施工单位2小时内快报至水利部不妥。

理由：该事故属于较大事故，应在事故发生1小时内快报、2小时内书面报告至安全监督司。

（4）施工单位要求设计单位赔偿事故损失不妥。

理由：施工单位和设计单位之间不存在合同关系，不能直接向设计单位索赔，施工单位应通过监理单位向业主索赔。

2. 施工单位应对以下达到一定规模的危险性较大的工程编制专项施工方案：

（1）基坑支护与降水工程。

（2）土方和石方开挖工程。

（3）模板工程。

（4）起重吊装工程。

（5）脚手架工程。

（6）拆除、爆破工程。

（7）围堰工程。

（8）其他危险性较大的工程。

3. 本工程事故等级应为较大事故。

4. 本起事故的主要责任应由施工单位承担。

理由：在总监理工程师发出书面通知要求停止施工的情况下，施工单位继续施工，直接导致事故的发生，所以本起事故的主要责任应由施工单位承担。

 案例五

1. 由于该河流枯水期流量很少，坝址处河道较窄，宜选择一次拦断河床围堰法导流。因岸坡平缓，泄水建筑物宜选择明渠。

2. （1）压实机械分为静压碾压（如羊脚碾、气胎碾等）、振动碾压、夯击（如夯板）三种基本类型。

（2）坝面作业可以分为铺料、平整和压实三个主要工序。

3. （1）大坝施工前碾压实验主要确定的压实参数包括碾压机具的重量、含水量、碾压遍数及铺土厚度等，对于振动碾还应包括振动频率及行走速率等。

（2）施工中坝体与混凝土泄洪闸连续部位的填筑，靠近混凝土结构物部位不能采用大型机械压实时，可采用小型机械夯实或人工夯实。填土碾压时，要注意混凝土结构物两侧均衡填料压实，以免对其产生过大的侧向压力，影响其安全。

4. 本工程为大型工程，综合分析直接经济损失100万，工期延误45d，此事故为较大质量事故。

5. 分部工程质量等级评定不合理。

理由：根据水利水电工程有关质量评定规程，上述验收结论应修改为：本分部工程划分为80个单位工程，单位工程质量全部合格，其中有50%（单元工程优良率为62.50%）以上达到优良，主要单元工程、重要隐蔽工程及关键部位的单元工程质量优良；中间产品质量全部合格，其中混凝土拌和物质量达到优良，但发生了较大质量事故，故本分部工程应评定为合格。

模块三　招投标与成本

 案例一

1. 招标文件澄清通知中的不妥之处：

（1）澄清甲、乙、丙、丁名称不妥。

（2）澄清问题来源为甲不妥。

（3）发送的时间不妥（或：应在提交投标文件截止日期至少15日前，发出澄清通知）。

2. （1）乙的投标报价汇总表中，A、B所代表的工程项目或费用名称如下：

1）A代表施工临时工程（或临时工程）。

2）B代表备用金（或暂列金额）。

（2）乙的投标总价：4087916＋204395.80＝4292311.80（元）。

3. （1）暂列金额是为发生工程变更而预留的金额。

（2）变更估价的原则：

1）已标价工程量清单中有适用于变更工作的子目的，采取该子目的单价。

2）已标价工程量清单中无适用于变更工作的子目，但有类似子目的，可在合理范围内参考类似子目的单价，由监理人商定或确定变更工作的单价。

3）已标价工程量清单中无适用或类似子目的单价，可按照成本加利润的原则，由监理人商定或确定变更工作的单价。

4. （1）索赔不成立。

理由：因为围堰坍塌是承包人责任，不能因参考发包人方案免除其责任。对于有经验的承包人应该在施工前就能判定方案的可实施性，并制定相关处理措施，避免事故发生。

（2）××集团提交的相关索赔函件名称有索赔意向通知书、索赔正式通知书、延续索赔通知书、最终索赔通知书。

案例二

1. 项目法人对招标代理公司提出的要求不正确。

理由：采用公开招标方式的项目，依法必须招标项目的招标公告和公示信息应当在中国招标投标公共服务平台或者项目所在地省级电子招标投标公共服务平台发布。不能只在限制本市日报上发布。

依据有关规定，该项目应采用公开招标方式招标，项目法人不能擅自改变。

2. 事件一中的不妥之处及理由如下：

（1）不妥之处：投标有效期自开始发售招标文件之日起计算。

理由：投标有效期应从投标人提交投标文件截止之日起计算。

（2）不妥之处：招标文件确定的投标有效期为30d。

理由：确定投标有效期应考虑评标所需时间，确定中标人所需时间和签订合同所需时间，水利工程施工投标有效期一般为56d。

3. 事件二中招标人行为的不妥之处及理由如下：

（1）不妥之处：招标人要求招标控制价下浮10%。

理由：根据《建设工程工程量清单计价规范》（GB 50500—2013）有关规定，招标控制价应在招标时公布，不应上调或下浮。

（2）不妥之处：仅公布招标控制价总价。

理由：招标人在公布招标控制价时，应公布招标控制价各组成部分的详细内容，不得只公布招标控制价总价。

（3）不妥之处：有企业法人地位，注册地不在本市的，在本市必须成立分公司。

理由：招标人不得以地域不合理的条件限制、排斥潜在投标人。

4. 事件三中招标人行为的不妥之处及理由如下：

（1）不妥之处：招标人组织最具竞争力的一个潜在投标人踏勘项目现场。

理由：招标人不得单独或者分别组织任何一个投标人进行现场踏勘。

（2）不妥之处：招标人在现场口头解答了潜在投标人提出的疑问。

理由：招标人应以书面形式进行解答，或通过投标预备会进行解答，并以书面形式同时送达所有获得招标文件的投标人。

案例三

1. （1）有计算性错误的工程项目或费用名称：土方回填工程。

  计算性算术错误修正：单价 80 元/m³ 改为 8 元/m³，总价不变。

  适用的修正原则：对小数点有明显异位的，以总价为准改正单价。

  （2）有计算性错误的工程项目或费用名称：浆砌块石护坡（底）。

  计算性算术错误修正：总价为 108000 元。

  适用的修正原则：按单价与工程量的乘积与总价之间不一致时，以单价为准改正总价。

  （3）修正后的投标报价为 1763000 元。

2. 钢筋的加工包括清污除锈、调直、下料剪切、接头加工、弯折及钢筋连接等内容。

3. （1）A 代表工长的人工单价；B 代表中级工的人工单价。

  （2）除人工预算单价外，为满足报价需要，还需编制的基础单价有：材料预算价格；电、风、水预算价格；施工机械台时费；混凝土材料单价。

 案例四

1. （1）A 投标人应当在投标截止时间 10 日前提出。

  （2）招标人收到异议之日起 3 日内作出答复；作出答复前，应当暂停招标投标活动。

2. （1）事件二的处理方式或要求不合理。

  理由：评标委员会不应向投标人发出要求澄清的通知，也不能认可工期修改。工期超期属于重大偏差，不能通过投标文件澄清使其满足招标文件要求。

  （2）事件三的处理方式或要求不合理。

  理由：施工单位提高混凝土强度等级，但不调整单价，属于变相压低报价。如确需提高混凝土强度等级，双方应协商调整相应单价。

3. （1）事件四中发包人的义务和责任中不妥之处有：①执行监理单位指示；②保证工程施工人员安全；③避免施工对公众利益的损害。

  （2）事件四中承包人的义务和责任中不妥之处有：①垫资 100 万元；②为监理人提供工作和生活条件；③组织工程验收。

4. （1）合同金额＝10×10＋0.8×400＋0.2×200＋2×40＝540（万元）。

  （2）发包人应支付的工程预付款＝540×10％＝54（万元）。

  （3）应扣留的保证金总额＝540×5％＝27（万元）。

 案例五

1. 本工程的工程等别为Ⅱ等，工程规模为大（2）型。

  除水利水电工程施工总承包特级外，满足本工程坝体施工要求的企业资质等级还有：水利水电工程施工总承包一级和水工大坝工程专业承包一级。

2. 工作（二）违反规定。招标文件的发售期不得少于 5 日。

  工作（三）违反规定。招标人不得单独或者分别组织任何一个投标人进行现场踏勘。

  工作（四）违反规定。招标人对招标文件的修改应当以书面形式。

  工作（五）违反规定。投标截止时间与开标时间应相同。

3. 因投标辅助资料中有类似项目，所以在合理的范围内参照类似项目的单价作为单价调整的基础。

4. （1）新取土区的土的级别为Ⅱ级。

  （2）第一坝段填筑应以 1m³ 挖掘机配自卸汽车的单价为基础变更估计。因为运距超过 500m 后，2.75m³ 铲运机施工方案不经济合理；运距超过 1km 时，挖掘机配自卸车的施工方案经济合理。

  第一坝段的填筑单价：（8.7＋10.8）/2×

0.91×1.34＝11.89（元/m³）。

模块四　质评与验收

💡 案例一

1. 从安全度汛考虑，第一个非汛期主要考虑堤防的封闭性，所以非汛期必须完成以下四项工程：涵身地基处理；涵身混凝土浇筑；防洪闸施工；堤身土方开挖、回填。

2. 表4-1中A、B、C、D、E所代表的名称或数据分别为：A——主控项目，B——一般项目，C——100.0%，D——最小为75.0%，E——合格。

3. 不妥之处：项目法人计划于2013年3月26日前完成与运行管理单位的工程移交手续。
   改正：通过了合同工程完成工验收30个工作日内，项目法人完成与施工单位的工程交接手续。

4. 图A（变更超1/3）及图B（重大改变）应重新绘制竣工图，要求如下：重绘图应按原图编号，并在说明栏内注明变更依据，在图标栏内注明竣工阶段和绘制竣工图的时间、单位、责任人。监理单位应在图标上方加盖并签署竣工图确认章；图C（一般性图纸变更）在原施工图上修改，要求如下：在说明栏内注明变更依据，加盖并签署竣工图章。

5. 2013年5月底，该工程竣工验收委员会对该泵站工程进行了竣工验收不妥。
   理由：竣工验收应在工程建设项目全部完成并满足一定运行条件后1年内进行，一定运行条件是指：泵站工程经过一个排水或抽水期。

💡 案例二

1. （1）三排帷幕灌浆施工顺序：C→A→B。
   （2）固结灌浆施工工艺流程：钻孔、压水试验、灌浆、封孔和质量检查等。

2. （1）钢筋抽样检验不合格时，应及时对同一取样批次另取两倍数量进行检验，如仍不合

格，则该批次钢筋应定为不合格，不得使用。
   （2）护坡单元工程质量不合格时，应按合同要求进行处理或返工重做，并经重新检验且合格后方可进行后续工程。
   （3）混凝土试件抽样检验不合格时，应委托具有相应资质等级的质量检测单位，对相应工程部位进行检验，如仍不合格，应由项目法人组织有关单位进行研究，并提出处理意见。

3. （1）单位工程外观质量评定的程序：单位工程完工后，项目法人组织监理、设计、施工及工程运行管理等单位组成工程外观质量评定组，进行外观质量检验评定并将评定结论报工程质量监督机构核定。
   （2）该工程属于大型，因此评定组人数不宜少于7人。

4. 除合同工程完工验收情况外，工程质量保修书还应包括：
   （1）质量保修范围及内容。
   （2）质量保修期。
   （3）质量保修责任。
   （4）质量保修费用。
   （5）其他。

💡 案例三

1. 图4-2中拦河坝坝体分区中：①为面板；②为垫层区；③为过渡区；④为主堆石区。

2. 堆石体的压实参数包括碾重、铺层厚和碾压遍数等。

3. 施工顺序：B→C→D→E→A。

4. 混凝土浇筑的施工过程包括：
   （1）浇筑前的准备作业。
   （2）浇筑时入仓铺料、平仓振捣。
   （3）浇筑后的养护。

5. （1）事件四不妥之处有：
   不妥之处一：施工单位向监理单位提出验收申请报告。

理由：施工单位应向项目法人提出验收申请报告。

不妥之处二：由项目法人委托监理单位进行了验收。

理由：单位工程应由项目法人主持验收，不能委托监理单位。

（2）单位工程验收工作组应由项目法人、勘测、设计、监理、施工、主要设备制造（供应）商、运行管理等单位的代表组成。

案例四

1.（1）该枢纽工程的等别为Ⅲ等，工程规模为中型。

（2）大坝的级别为 2 级，次要建筑物为 4 级。

2. 施工单位进行的碾压试验，主要是为了确定的压实参数包括碾压机具的重量、含水量、碾压遍数、铺土厚度，以及振动碾的振动频率及行走速率等。

3.（1）根据《水利工程质量事故处理暂行规定》，工程质量事故分为一般质量事故、较大质量事故、重大质量事故和特大质量事故。

（2）水电站机组安装属于机电安装工程，发生事故造成的影响是：直接经济损失为 21 万元，处理事故延误工期 25d，处理后不影响工程正常使用和设备使用寿命，因此事故等级为一般质量事故。

4.（1）由监理单位向项目法人提交验收申请报告不妥。

改正：施工单位向项目法人提交验收申请报告。

（2）验收工作由质量监督机构主持不妥。

改正：验收工作由项目法人主持。

（3）验收工作组由项目法人、设计、监理、施工单位代表组成不妥。

改正：验收工作组由项目法人、设计、监理、施工单位、勘测、主要设备制造（供

应）商、运行管理等单位代表组成。

（4）单位工程验收通过后，由项目法人将验收质量结论和相关资料报质量监督结构核备不妥。

改正：单位工程验收通过后 10 个工作日内，由项目法人将验收质量结论和相关资料报质量监督机构核定。

案例五

1.（1）监理单位组织设计单位、施工单位等进行工程项目划分不妥。

改正：应由项目法人组织监理单位、设计单位及施工等单位进行工程项目划分。

（2）分部工程质量等级由施工单位自评，监理单位核定不妥。

改正：分部工程质量应在施工单位自评合格后，由监理单位复核，项目法人认定。

2. 坝基防渗、溢洪道地基防渗单元工程为重要隐蔽单元。重要隐蔽单元工程及关键部位单元工程质量经施工单位自评合格、监理单位抽检后，由项目法人（或委托监理）、监理、设计、施工、工程运行管理等单位组成联合小组，共同检查核定其质量等级并填写签证表，报工程质量监督机构核备。

3.（1）施工单位对钢筋仅进行抗拉强度、屈服点试验不妥。

改正：钢筋应检验外观质量及公称直径、抗拉强度、屈服点、伸长率、冷弯等主要项目。

（2）监理机构同意使用不妥。

改正：应督促施工单位重新按有关技术标准对钢材等原材料进行检验。

4.（1）①竣工验收主持单位组织竣工验收的时间不妥。

改正：竣工验收应在小型除险加固项目全部完成并经过一个汛期运用考验后的 6 个月内进行。

②竣工验收中质量优良的结论不妥。

改正：政府验收时，竣工验收的质量结论意见只能为合格。

（2）单位工程验收质量结论的核定单位为该项目的质量监督单位。

核定程序为：项目法人应在单位工程验收通过之日起 10 个工作日内，将验收质量结论和相关资料报质量监督机构核定；质量监督机构应在收到验收质量结论之日起 20 个工作日内，将核定意见反馈项目法人。

《水利水电工程管理与实务》全真模拟试卷（一）

一、单项选择题

1.【答案】 A

【解析】 根据大坝坝顶构造得出，①为黏土心墙防渗体，②为防浪墙，选项A正确。

2.【答案】 B

【解析】 为了减小坝体的渗透压力，靠近上游坝面设置排水管幕，排水管幕与上游坝面的距离一般为作用水头的 $1/25 \sim 1/15$，且不小于2m。排水管间距为 $2 \sim 3$m。

3.【答案】 A

【解析】 泵的工作扬程总是大于实际扬程（净扬程）。

4.【答案】 C

【解析】 当水库大坝施工高程超过临时性挡水建筑物顶部高程时，坝体施工期临时度汛的洪水标准，应根据坝型及坝前拦洪库容，按水库大坝施工期洪水标准表（见下表）确定。

坝型	拦洪库容/10^8 m^3			
	$\geqslant 10$	<10, $\geqslant 1.0$	<1.0, $\geqslant 0.1$	<0.1
土石坝/（重现期/年）	$\geqslant 200$	$200 \sim 100$	$100 \sim 50$	$50 \sim 20$
混凝土坝、浆砌石坝/（重现期/年）	$\geqslant 100$	$100 \sim 50$	$50 \sim 20$	$20 \sim 10$

5.【答案】 B

【解析】 井点法降水的适用条件：

（1）黏土、粉质黏土、粉土的地层。

（2）基坑边坡不稳，易产生流土、流砂、管涌等现象。

（3）地下水位埋藏小于6.0m，宜用单级真空点井；当大于6.0m时，场地条件有限宜用喷射点井、接力点井；场地条件允许宜用多级点井。

6.【答案】 A

【解析】 砂的粗细程度用细度模数（M_x）表示，粗砂的 M_x 值范围为 $3.7 \sim 3.1$。

7.【答案】 A

【解析】 柔性连接，即将金属止水片的接头部分埋在沥青块体中。

8.【答案】 A

【解析】 常态混凝土的粗集料可采用风冷、浸水、喷淋冷水等预冷措施，碾压混凝土的粗集料宜采用风冷措施。

9.【答案】 B

【解析】 本题考查的是混凝土坝分缝。重力坝分缝分块见下图。

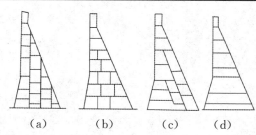

其中，（a）为竖缝分块；（b）为错缝分块；（c）为斜缝分块；（d）为通仓分块。

10.【答案】 D

【解析】 地下相向开挖的两端在相距30m以内时，装炮前应通知另一端暂停工作。

11.【答案】 B

【解析】 安全网应随着建筑物升高而提高，安全网距离工作面的最大高度不超过3m。

12.【答案】 A

【解析】 项目后评价的主要内容：

（1）过程评价：前期工作、建设实施、运行管理等。

（2）经济评价：财务评价、国民经济评价等。

（3）社会影响及移民安置评价：社会影响和移民安置规划实施及效果等。

(4)环境影响及水土保持评价：工程影响区主要生态环境、水土流失问题，环境保护、水土保持措施执行情况，环境影响情况等。

(5)目标和可持续性评价：项目目标的实现程度及可持续性的评价等。

(6)综合评价：对项目实施成功程度的综合评价。

13.【答案】A

【解析】设计单位对不涉及重大设计原则问题的合理意见应当采纳并修改设计，若有分歧意见，由项目法人决定。

14.【答案】C

【解析】三类闸：运用指标达不到设计标准，工程存在严重损坏，经除险加固后，才能达到正常运行。

15.【答案】A

【解析】水利水电工程施工中，汛期的防洪、泄洪设施的用电负荷属于一类负荷。

16.【答案】C

【解析】施工机械台时费定额的折旧费除以1.13调整系数，修理及替换设备费除以1.09调整系数，安装拆卸费不变。

17.【答案】B

【解析】根据住房和城乡建设部《建筑业企业资质标准》（建市〔2014〕159号）以及《关于简化建筑业企业资质标准部分指标的通知》（建市〔2016〕226号），水利水电工程施工总承包企业资质等级分为特级、一级、二级、三级。

18.【答案】D

【解析】若承包人不具备承担暂估价项目的能力或具备承担暂估价项目的能力但明确不参与投标的，由发包人和承包人组织招标。

19.【答案】A

【解析】根据《水法》第三十七条规定，禁止在江河、湖泊、水库、运河、渠道内弃置、堆放阻碍行洪的物体和种植阻碍行洪的林木及高秆作物。禁止在河道管理范围

内建设妨碍行洪的建筑物、构筑物以及从事影响河势稳定、危害河岸堤防安全和其他妨碍河道行洪的活动。故在河道滩地堆放阻碍行洪的物体属于禁止性规定。

20.【答案】A

【解析】根据工程等别，当发电装机容量为1000MW时，属于1200～300MW之间，判定其枢纽工程规模为大（2）型。大中型施工项目负责人必须由本专业注册建造师担任，一级注册建造师可担任大、中、小型工程负责人，二级注册建造师可担任中、小型工程负责人。

二、多项选择题

21.【答案】CD

【解析】本题考查的是施工放样。高程放样方法包括水准测量、光电测距三角高程法、GPS-RTK高程测量法等。选项A、B、E属于平面位置放样方法。

22.【答案】BCDE

【解析】钢筋按生产加工工艺的不同可分为热轧钢筋、热处理钢筋、冷拉钢筋和冷轧钢筋四类。

23.【答案】ABC

【解析】分期导流一般适用于下列情况：

(1)导流流量大，河床宽，有条件布置纵向围堰。

(2)河床中永久建筑物便于布置导流泄水建筑物。

(3)河床覆盖层不厚。

24.【答案】AC

【解析】防渗体压实控制指标采用干密度、含水率或压实度。反滤料、过渡料、垫层料及砂砾料的压实控制指标采用干密度或相对密度。堆石料的压实控制指标采用孔隙率。

25.【答案】ACE

【解析】选项B错误，开挖的岸坡应大致平顺，不应成台阶状。

选项D错误，坝断面范围内必须清除地基、岸坡上的草皮、树根、含有植物的表

土、蛮石、垃圾及其他废料，并将清理后的地基表面土层压实。

26.【答案】BE

【解析】土石坝土料填筑压实参数主要包括碾压机具的重量、含水量、碾压遍数及铺土厚度等。故选项B、E符合题意。

27.【答案】ABC

【解析】板厚≤400mm为薄板。薄板和薄壳的底模板在计算承载能力时的荷载组合有：模板及其支架的自重；新浇混凝土重量；钢筋重量；工作人员及浇筑设备、工具等荷载。

28.【答案】ABCD

【解析】水利PPP项目移交完成后，政府有关主管部门可组织对项目开展后评价，对项目全生命周期的效率、效果、影响和可持续性等进行评价。

29.【答案】DE

【解析】超过一定规模的危险性较大的单项工程专项施工方案应由施工单位组织召开审查论证会。专家组应由5名及以上符合相关专业要求的专家组成，各参建单位人员不得以专家身份参加审查论证会。

30.【答案】AB

【解析】选项A正确，重要隐蔽单元工程报工程质量监督机构核备。

选项B正确，关键部位单元工程报工程质量监督机构核备。

选项C错误，单位工程报工程质量监督机构核定。

选项D错误，工程外观报工程质量监督机构核定。

选项E错误，工程项目向工程质量监督机构核定。

三、实务操作和案例分析题

（一）

1.（1）施工总进度计划的关键线路为：A→B→F→I→K→M。

（2）总工期＝10＋15＋45＋10＋20＋15＝115（d）。

2.（1）事件一中的不妥之处及理由如下：

不妥之处一：发包人向承包人发出开工通知。

理由：开工通知应由监理人向承包人发出。

不妥之处二：2019年12月5日发出开工通知。

理由：监理人应在开工日期7天前向承包人发出开工通知。

（2）事件一中，监理人不应批准工程推迟开工。

理由：由于承包人原因造成的开工日期推迟，不应予以批准。

3.（1）事件二中，为使赶工费最少，承包人应分别缩短工作K和工作F的工作时间5d和2d，这样才能既实现发包人的要求又能使赶工费用最少。

（2）赶工费总额＝5×1.0＋2×1.2＝7.4（万元）。

4.（1）事件三中，监理人应批准8万元的费用补偿。

理由：发包人采购的材料出现质量检测不合格导致的机械台班损失，应由发包人承担责任。

（2）事件三中，监理人不应批准工程延期。

理由：工作L不是关键工作，且该工作的总时差为10d，工作L拖延9d未超过其总时差，不会造成工期的延误。

（二）

1.背景资料中的不妥之处如下：

（1）监理单位人员兼任兼职质量监督员的做法不妥。

理由：凡从事该工程监理、设计、施工、设备制造的人员不得担任该工程的兼职质量监督员。

（2）施工单位对总监理工程师发出的停工通知不予以理睬的做法不妥。

理由：施工单位应按监理通知的要求停止施工。

（3）事故发生后，施工单位2小时内快报至水利部不妥。

理由：该事故属于较大事故，应在事故发生1小时内快报、2小时内书面报告至安全监督司。

（4）施工单位要求设计单位赔偿事故损失不妥。

理由：施工单位和设计单位之间不存在合同关系，不能直接向设计单位索赔，施工单位应通过监理单位向业主索赔。

2．竖井和斜井运送施工材料或出渣时应遵守下列规定：

（1）严禁人、物混运，当施工人员从爬梯上下竖井时，严禁运输施工材料或出渣。

（2）井口应有防止石渣和杂物坠落井中的措施。

3．（1）事件三中的事故等级属于较大事故。

（2）事故快报的内容应包含事故发生单位名称、地址、负责人姓名和联系方式，发生时间、具体地点，已经造成的伤亡、失踪、失联人数和损失情况，可视情况附现场照片等信息资料。

4．事件三中，事故的主要责任应由施工单位承担。

理由：在总监理工程师发出书面通知要求停止施工的情况下，施工单位继续施工，直接导致事故的发生，所以本起事故的主要责任应由施工单位承担。

（三）

1．事件一中的不合理条款：

（1）条款2：投标保证金应在开标前3天向招标人提交。

改正：投标保证金在投标截止前与投标文件同时提交。

（2）条款4：投标保证金有效期从递交投标文件开始，延续到投标有效期满后30天止。

改正：投标保证金有效期从投标截止时间开始计算，其有效期与投标有效期一致。

（3）条款5：签订合同5个工作日内，招标人向未中标的投标人退还投标保证金和利息，中标人的投标保证金和利息在扣除招标代理费后退还。

改正：签订合同后5个工作日内，招标人向未中标的投标人和中标人退还投标保证及相应利息。

2．A——基本直接费；B——10.20；C——0.82；D——定额人工工时数；E——材料预算价格；F——机械台时费；G——1.12。

3．（1）不妥之处一：初步设计无法确定准确价格，发包人以暂列金额方式在工程量清单中列出。

理由：初步设计无法确定准确价格，发包人应以暂估价方式在工程量清单中列出。

（2）不妥之处二：总承包单位参与投标，但未中标，发包人与中标人就管理设施签订合同。

理由：分包管理，应该是总承包单位与中标人签订合同。

4．事件四中不合理的条款及理由如下：

（1）条款1：预留总额为工程价款结算总额的5%。

理由：工程质量保证金的预留比例上限不得高于工程价款结算总额的3%。

（2）条款3：工程质量保修期满时，发包人将在30个工作日内核实后将剩余工程质量保证金及利息退回给承包人。

理由：在工程质量保修期满时，发包人将在30个工作日内核实后将剩余质量保证金支付给承包人。

（四）

1．事件一中的不妥之处及原因如下：

（1）不妥之处一：施工单位组织有关单位进行了项目划分。

原因：应由项目法人组织有关单位进行项目划分。

（2）不妥之处二：划分4个分部工程。

原因：同一单位工程中，各个分部工程的工程量（或投资）不宜相差太大，每个单位工程中的分部工程数目，不宜少于5个。

（3）不妥之处三：依据《水利水电工程施工质量检验与评定规程》（SL 176—2007）划分单元工程。

原因：应按照《水利水电工程单元工程施工质量验收评定标准》划分单元工程。

2.（1）A1工序质量不合格。

（2）原因：无论工序质量是合格还是优良，都要求主控项目100％合格。

3.（1）B单元工程质量为优良。

（2）原因：优良工序占比＝3/5×100％＝60％＞50％，且主要工序达到优良级，所以B单元工程质量等级为优良。

4.（1）不妥之处：质量监督机构组织工程外观质量评定。

理由：应由项目法人组织有关单位对工程外观质量进行评定。

（2）在满足其他合同约定的质量标准要求下，工程外观质量得分率为79％，达到70％以上，但不满足85％，该单位工程只能评定为合格。

5.（1）事件五中的不妥之处及改正如下：

1）不妥之处一：2017年3月6日工程通过了合同工程完工验收，于2017年4月30日项目法人与施工单位完成工程和档案移交手续。

改正：应为通过合同工程完工验收的30个工作日内，项目法人与施工单位完成工程和档案移交手续。

2）不妥之处二：办理由项目负责人签字的工程质量保修书。

改正：应办理由施工单位法定代表人签字的工程质量保修书。

（2）质量保修书的主要内容有：合同工程完工验收情况；质量保修的范围和内容；质量保修期；质量保修责任；质量保修费用；其他。

《水利水电工程管理与实务》全真模拟试卷（二）

一、单项选择题

1.【答案】 A

【解析】 计算截面上的扬压力代表值，应根据该截面上的扬压力分布图形计算确定。其中，矩形部分的合力为浮托力代表值，其余部分的合力为渗透压力代表值。

2.【答案】 C

【解析】 1级、2级永久性水工建筑物中闸门的合理使用年限应为50年，其他级别的永久性水工建筑物中闸门的合理使用年限应为30年。

3.【答案】 A

【解析】 总库容是指最高洪水位以下的水库静库容。防洪库容是指防洪高水位与防洪限制水位之间的库容。调洪库容是指校核洪水位与防洪限制水位之间的库容。水利特征水位中并未涉及校核库容。

4.【答案】 B

【解析】 对于普通配合比的结构混凝土，尤其是高强度混凝土，集料粒径最好不大于40mm。

5.【答案】 D

【解析】 导流设计流量，就应按导流标准选择相应洪水重现期的年最大流量。

6.【答案】 C

【解析】 土的名称为黏土、干燥黄土、干淤泥、含少量碎石的黏土均为Ⅲ等土，用镐、三齿耙开挖或用锹需用力加脚踩开挖。

7.【答案】 A

【解析】 平面图中配置双层钢筋的底层钢筋向上或向左弯折，顶层钢筋向下或向右弯折。

8.【答案】 D

【解析】 混凝土重力坝浇筑属于大体积混凝土浇筑块，对于大体积混凝土浇筑块，成型后的偏差不应超过木模安装允许偏差的50％～100％，取值大小视结构物的重要性而定。

9.【答案】 B

【解析】 混凝土出机口温度应每4h测量1次；低温季节施工时宜加密至每2h测量1次。

10.【答案】 B

【解析】 相对压实度是评价碾压混凝土压实质量的指标，对于建筑物的外部混凝土相对压实度不得小于98％，对于内部混凝土相对压实度不得小于97％。

11.【答案】 B

【解析】 施工现场架设临时性跨越沟槽的便桥和边坡栈桥，应符合以下要求：

（1）基础稳固、平坦畅通。

（2）人行便桥、栈桥宽度不得小于1.2m。

（3）手推车便桥、栈桥宽度不得小于1.5m。

（4）机动翻斗车便桥、栈桥，应根据荷载进行设计施工，其最小宽度不得小于2.5m。

（5）设有防护栏杆。

12.【答案】 B

【解析】 建设项目未完工程投资及预留费用可预计纳入竣工财务决算。大中型项目应控制在总概算的3％以内，小型项目应控制在5％以内。投资额为3000万元的经营性项目属于小型项目，故选项B正确。

13.【答案】 C

【解析】 初步评审标准分为形式评审标准、资格评审标准、响应性评审标准。施工组织设计评审属于详细评审，故选项C符合题意。

14. 【答案】D

【解析】合同条款及格式包括通用合同条款、专用合同条款和合同附件格式（合同协议书、履约担保、预付款担保等三个格式）。

15. 【答案】D

【解析】本题考查的是施工质量评定的要求。全部返工重作的，可重新评定质量等级；加固补强后经鉴定能达到设计要求的，其质量评为合格；造成永久性缺陷的，需进行质量缺陷备案。选项A、B、C的处理方式均不符合要求。

16. 【答案】B

【解析】损失小、概率大的风险，宜采取风险缓解。

17. 【答案】C

【解析】本题考查的是水利工程建设专项验收的要求。监理单位应在图标上方加盖并签署"竣工图确认章"。

18. 【答案】C

【解析】小水电工程提出机组启动验收鉴定书后，应办理机组交接手续进行试生产运行，试生产期限为6个月（经过一个汛期）至12个月。

19. 【答案】A

【解析】根据《水土保持法》规定，依法划定的国家级水土流失重点预防保护区、重点监督区和重点治理区及省级重点预防保护区，其水土流失防治标准执行等级为一级。

20. 【答案】C

【解析】大（2）型水利枢纽工程，其主要永久性建筑物级别为2级，对应其围堰级别为4级。当不过水土石围堰为4级时，安全加高下限值为0.5m。

二、多项选择题

21. 【答案】BCD

【解析】水电站引水建筑物包括动力渠道、引水隧洞和压力管道。压力前池和调压室属于平水建筑物。

22. 【答案】CD

【解析】软土地基处理的适用方法有开挖、桩基础、置换法、排水法、挤实法、高压喷射灌浆等。本题考查不适用于软土地基的处理方法，故选项C、D符合题意。

23. 【答案】ACD

【解析】本题考查的是钢筋图。

选项A正确，钢筋用粗实线表示。

选项B错误，结构轮廓用细实线表示。

选项C正确，钢筋的截面用小黑圆点表示。

选项D正确，钢筋采用编号进行分类。

选项E错误，箍筋尺寸为内皮尺寸，弯起钢筋的弯起高度为外皮尺寸。

24. 【答案】ABCE

【解析】大体积混凝土监测内容主要包括原材料温度监测、混凝土温度监测、通水冷却监测、浇筑仓气温监测及保温层温度监测等。选项D表述错误，应为浇筑仓气温监测。

25. 【答案】BC

【解析】初步设计是根据批准的可行性研究报告和必要而准确的勘察设计资料，对设计对象进行全面研究，进一步阐明拟建工程在技术上的可行性和经济上的合理性，确定项目的各项基本技术参数，编制项目的总概算。故选项B、C正确。

26. 【答案】AD

【解析】总监理工程师、施工单位技术负责人应定期对专项施工方案实施情况进行巡查。

27. 【答案】AB

【解析】对工程正常使用和工程寿命均没有影响的是质量缺陷和一般质量事故。

28. 【答案】ABCE

【解析】根据《水电水利工程施工监理规范》（DL/T 5111—2012），监理工程师必须遵守"守法、诚信、公正、科学"的职业准则，在维护发包人利益的同时，也要维护承包人的合法权益。

29. 【答案】ABD

【解析】本题考查的是修建工程设施的水土保持预防规定。《水土保持法》第三十五条规定，在水力侵蚀地区，地方各级人民政府及其有关部门应当组织单位和个人，以天然沟壑及其两侧山坡地形成的小流域为单元，因地制宜地采取工程措施、植物措施和保护性耕作等措施，进行坡耕地和沟道水土流失综合治理。

30. **【答案】**ABC

【解析】开挖面与衬砌面平行作业时的距离，应根据围岩特性、混凝土强度的允许质点震动速度及开挖作业需要的工作空间确定。

三、实务操作和案例分析题

（一）

1. （1）计划总工期：$30+20+100+5+30=185$（d）。

   （2）关键线路：①→②→③→④→⑤→⑥。

2. 事件一中的责任方是发包人，A 为关键工作，影响计划总工期 4d。

   事件二中的责任方是承包人，B 为关键工作，影响计划总工期 6d。

   事件四中的责任方是发包人，G 为非关键工作，总时差 50d，未超过总时差，不影响计划总工期。

3. （1）C 工作实际持续时间：$155-60=95$（d）。

   （2）第 100d 末时，C 工作实际比计划拖延的累计工程量：48%−42%=6%。

   （3）第 100d 末完成了 2d 的赶工任务。

4. （1）实际总工期：$185+4+6-5=190$（d），承包人不可以获得工期补偿。

   （2）比计划工期拖延 5d，其中有 4d 是发包人的责任，所以承包人需支付给发包人逾期完工违约金 20000 元。

（二）

1. 工程等别为Ⅱ等，工程规模为大（2）型，主要建筑物级别为 2 级。

2. （1）A——漏洞；B——管涌；C——漫溢；D——决口。

   （2）管涌的抢护原则：制止涌水带砂，但留有渗水出路。

3. （1）①为中粗砂，②为小石，③为中石，④为排水孔（或冒水孔）。

   （2）反滤层施工质量检查要点：对于反滤层铺填的厚度、是否混有杂物、填料的质量及颗粒级配等应全面检查。

4. （1）水利工程质量事故分为一般质量事故、较大质量事故、重大质量事故和特大质量事故四类。

   （2）事件三属于较大质量事故。

（三）

1. （1）投标报价规定中不妥之处：不应设定最低投标限价。

   （2）总价子目的计量和支付内容中的不妥之处：

   1）除价格调整因素外，总价子目的计量与支付应以总价为基础。

   改正：总价子目的计量与支付应以总价为基础，不因价格调整因素而改变。

   2）总价子目的工程量是承包人用于结算的最终工程量不妥。

   改正：除变更外，总价子目的工程量是承包人用于结算的最终工程量。

2. 在提出诉讼之前，投标人可依据下列途径维护自身权益：招标文件澄清或修改函、异议、投诉。

3. （1）观点一、观点三和观点四符合不平衡报价适用条件。

   （2）不平衡报价的利：既不提高总报价、不影响报价得分，又能在后期结算时得到更理想的经济效益。

   （3）不平衡报价的弊：投标人报低单价的项目，如工程量执行时增多将造成承包人损失；不平衡报价过多或过于明显可能导致报价不合理，引起投标无效或不能中标。

4. 费用 A 指零星材料费，计费基础是人工费和机械使用费之和，机械 B 指拖拉机，机械 C 指推土机。

（四）

1. 为提高混凝土抗渗性能，还可采取以下措施：提高混凝土的密实度，改善孔隙构造，减少渗水通道；减少水胶比；掺加引气剂；选择适当品种的水泥。

2. 公式中，P——混凝土系统所需小时生产能力（m^3/h）；Q_m——高峰月混凝土浇筑强度（$m^3/$月）；M——月工作天数（d）；N——日工作小时数（h）；K_h——小时不均匀系数。

3. 不妥之处一：施工单位在开工前组织编制了施工导流隧洞工程质量标准。

   改正：施工导流隧洞工程质量标准由项目法人组织监理、设计及施工等单位根据工程特点，参照《单元工程评定标准》和其他相关标准确定。

   不妥之处二：由本工程质量监督机构批准后实施。

   改正：应报相应的工程质量监督机构核备。

4. 延期竣工验收专题申请报告的内容包括延期竣工验收的主要原因及计划延长的时间等。

亲爱的读者：

　　如果您对本书有任何 感受、建议、纠错，都可以告诉我们。

我们会精益求精，为您提供更好的产品和服务。

　　祝您顺利通过考试！

扫码参与调查

环球网校建造师考试研究院

水利水电工程
建筑物的类型

土石坝与堤防的
构造及作用★★★

混凝土坝的构造
及作用★★★

（1）坝顶
　　坝顶宽：高坝可选用10～15m；中、低坝可选用5～10m
　　防浪墙高：1.0m～1.2m

（2）防渗体
　　作用：减少渗流量；降低浸润线，增加下游坝坡稳定性；
　　　　　降低渗透坡降，防止渗透变形

（3）护坡及坝坡排水
　　作用：防止波浪淘刷，顺坝水流冲刷，冰冻和其
　　　　　他形式的破坏

（4）坝体排水
　　（贴坡排水、坝体排水）
　　作用：降低坝体浸润线及孔隙水压力，防止坝
　　　　　坡土流冻破坏【注：贴坡排水不能降低】

（1）坝顶：高于校核洪水位

（2）防渗和排水：坝体上游面和下游面水位以下部分设防渗；
　　靠近上游面
　　设排水管幕

（3）分缝与止水：布设灌浆系统；临时性横缝、纵缝

（4）坝内廊道：基础灌浆廊道设置在上游坝踵处

（5）荷载：扬压力包括上浮力及渗流压力

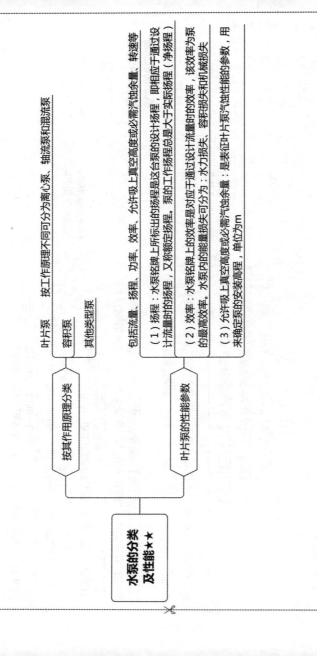

水泵的分类及性能★★

按其作用原理分类

叶片泵　　按工作原理不同可分为离心泵、轴流泵和混流泵

容积泵

其他类型泵

叶片泵的性能参数

包括流量、扬程、功率、效率、允许吸上真空高度或必需汽蚀余量、转速等

（1）扬程：水泵铭牌上所标出的扬程是这台泵的设计扬程，即相应于通过设计流量时的扬程，又称额定扬程。泵的工作扬程总是大于实际扬程（净扬程）

（2）效率：水泵铭牌上的效率是对应于设计流量过通过设计流量时的效率，这效率为泵的最高效率。水泵内的能量损失可分为：水力损失、容积损失和机械损失

（3）允许吸上真空高度或必需汽蚀余量：是表征叶片泵汽蚀性能的参数，用来确定泵的安装高程，单位为m

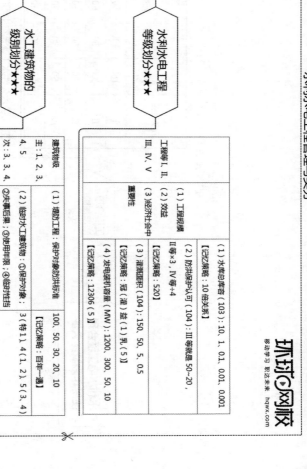

水利水电工程等级
划分及特征水位

水利水电工程
等级划分 ★★★

水工建筑物的
级别划分 ★★★

工程等 I、II、 III、IV、V 重要性	(1) 工程规模 (2) 效益 (3) 经济社会中	(1) 水库总库容 (103):10、1、0.1、0.01、0.001 【记忆策略：10 倍关系】 (2) 防洪保护人口 (104): III 等就是 50~20, II 等×3, IV 等÷4 【记忆策略：520】 (3) 灌溉面积 (104): 150、50、5、0.5 【记忆策略：冠（灌）益（1）乳（5）】 (4) 发电装机容量 (MW): 1200, 300, 50, 10 【记忆策略：12306 (5)】

建筑物级 主: 1、2、3、 4、5 次: 3、3、4、 5、5	(1) 提防工程：保护对象防洪标准 (2) 临时水工建筑物：①保护对象； ②失事后果；③使用年限；④临时性当 水建筑物规模	100、50、30、20、10 【记忆策略：百年一遇】 3（特1）4（1, 2）5（3, 4）

水利水电工程管理与实务

水利水电工程合理使用年限及耐久性 → 工程合理使用年限 ★★

工程等级	工程类别					
	水库	防洪	治涝	灌溉	供水	发电
I	150	100	50	50	100	100
II	100	50	50	50	100	100
III	50	50	50	50	50	50
IV	50	30	30	30	30	30
V	50	30	30	30		30

1级、2级永久性水工建筑物中闸门的合理使用年限应为50年
其他级别的永久性水工建筑物中闸门的合理使用年限应为30年

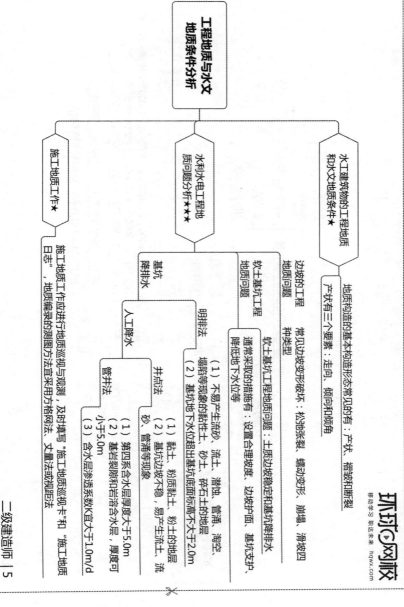

工程地质与水文地质条件分析

水工建筑物的工程地质和水文地质条件★

地质构造的基本构造形态常见的有：产状、褶皱和断裂

产状有三个要素：走向、倾向和倾角

常见边坡变形破坏：松动张裂、蠕动变形、崩塌、滑坡四种类型

边坡的工程地质问题

软土基坑工程地质问题

通常采取的措施有：设置合理坡度、边坡护面、基坑支护、降低地下水位等

软土基坑工程地质问题：土质边坡稳定和基坑降排水

水利水电工程地质问题分析★★★

基坑降排水

明排法

（1）不易产生流砂、流土、潜蚀、管涌、淘空、细颗等现象的黏性土、砂土、碎石土的地层
（2）基坑地下水位超出基坑底面标高不大于2.0m

人工降水

井点法

（1）黏土、粉质黏土、粉土的地层
（2）基坑边坡不稳，易产生流砂、流土、管涌等现象

管井法

（1）第四系含水层厚度大于5.0m
（2）基岩裂隙和岩溶含水层，厚度可小于5.0m
（3）含水层渗透系数K值大于1.0m/d

施工地质工作★

施工地质工作应进行地质巡视与观测，及时填写"施工地质日志"，地质编录的测图方法宜采用方格网法、文垂法或视距法

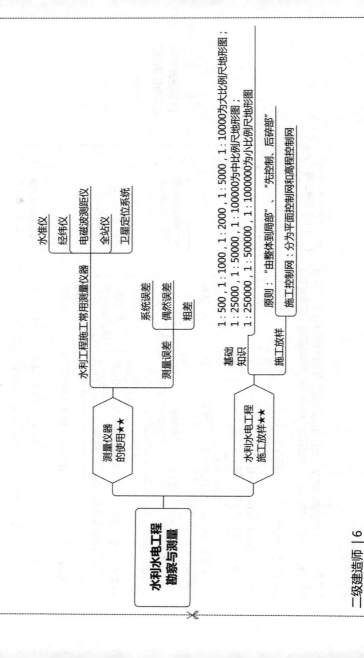

水利水电工程勘察与测量

- 测量仪器的使用★★
  - 水利工程施工常用测量仪器
    - 水准仪
    - 经纬仪
    - 电磁波测距仪
    - 全站仪
    - 卫星定位系统
  - 测量误差
    - 系统误差
    - 偶然误差
    - 粗差

- 水利水电工程施工放样★★
  - 基础知识
    - 1:500，1:1000，1:2000，1:5000，1:10000为大比例尺地形图；
    - 1:25000，1:50000，1:100000为中比例尺地形图；
    - 1:250000，1:500000，1:1000000为小比例尺地形图
    - 原则："由整体到局部"，"先控制、后碎部"
  - 施工放样
    - 施工控制网：分为平面控制网和高程控制网

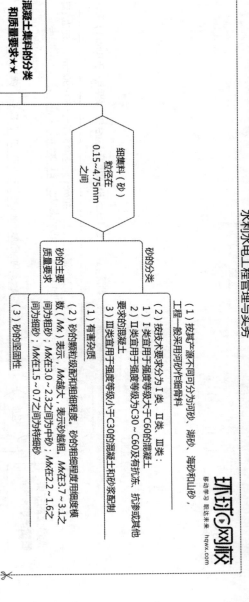

混凝土集料的分类和质量要求★★

细集料（砂）粒径在0.15~4.75mm之间

（1）按其来源不同可分为河砂、湖砂、海砂和山砂，工程一般采用河砂作细集料

（2）按技术要求分为Ⅰ类、Ⅱ类、Ⅲ类：
1）Ⅰ类宜用于强度等级大于C60的混凝土
2）Ⅱ类宜用于强度等级为C30~C60及有抗冻、抗渗或其他要求的混凝土
3）Ⅲ类宜用于强度等级小于C30的混凝土和砂浆配制

砂的分类

砂的主要质量要求Ⅰ类、Ⅱ类、Ⅲ类

（1）有害杂质

（2）砂的颗粒级配和粗细程度。砂的粗细程度用细度模数（Mx）表示，Mx越大，表示砂越粗。Mx在3.7~3.1之间为粗砂；Mx在3.0~2.3之间为中砂；Mx在2.2~1.6之间为细砂；Mx在1.5~0.7之间为特细砂

（3）砂的坚固性

粗集料（石）粒径大于4.75mm

粗集料分类Ⅰ类、Ⅱ类、Ⅲ类

普通混凝土常用的粗集料有碎石和卵石（砾石），按技术要求分为Ⅰ类、Ⅱ类、Ⅲ类

粗集料主要质量要求

（1）最大粒径及颗粒级配：
1）对于普通配合比的结构混凝土，尤其是高强混凝土，集料粒径不大于40mm
2）级配分为四种，常用四级配：5~20mm，20~40mm，40~80mm，80~120（或150）mm

（2）含水状态可分为：干燥状态、气干状态、饱和面干状态和湿润状态等四种。计算普通混凝土配合比时，一般以干燥状态的集料为基准，而大型水利工程常以饱和面干状态的集料为基准

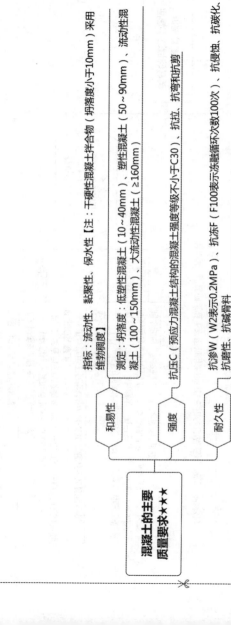

混凝土的主要
质量要求★★★

├ 和易性 ── 指标：流动性、黏聚性、保水性【注：干硬性混凝土拌合物（坍落度小于10mm）采用维勃稠度】
│   测定：坍落度：低塑性混凝土（10~40mm）、塑性混凝土（50~90mm）、流动性混凝土（100~150mm）、大流动性混凝土（≥160mm）

├ 强度 ── 抗压C（预应力混凝土结构的混凝土强度等级不小于C30）、抗拉、抗弯和抗剪

└ 耐久性 ── 抗渗W（W2表示0.2MPa）、抗冻F（F100表示冻融循环次数100次）、抗侵蚀、抗碳化、
             抗磨蚀性、抗碱骨料

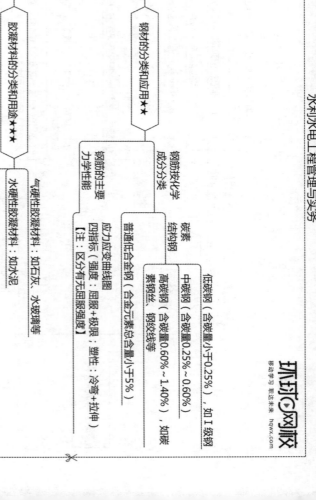

水利水电工程建筑材料

钢材的分类和应用 ★★

钢筋按化学成分分类

碳素结构钢

低碳钢（含碳量小于0.25%），如Ⅰ级钢

中碳钢（含碳量0.25%～0.60%）

高碳钢（含碳量0.60%～1.40%），如碳素钢丝、钢绞线等

普通低合金钢（合金元素总含量小于5%）

钢筋的主要力学性能

应力应变曲线图

四指标（强度：屈服+极限；塑性：冷弯+拉伸）

【注：区分有无屈服强度】

胶凝材料的分类和用途 ★★★

气硬性胶凝材料：如石灰、水玻璃等

水硬性胶凝材料：如水泥

沥青属于有机胶凝材料

水利水电工程管理与实务

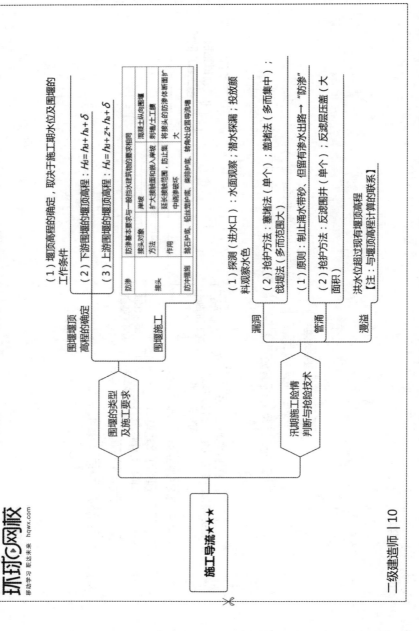

施工导流★★★

围堰的类型及施工要求

- **围堰堰顶高程的确定**
  - （1）堰顶高程的确定，取决于施工期水位及围堰的工作条件
  - （2）下游围堰的堰顶高程：$H_d = h_a + \delta$
  - （3）上游围堰的堰顶高程：$H_d = h_a + z + h_a + \delta$

- **围堰施工**

防渗	防渗基本要求与一般均为土建筑物的要求相同	
接头	接头对象	岸坡	混凝土纵向围堰
	方法	扩大接触面和嵌入岸坡	刺墙土工膜
	作用	延伸接触范围，防止集中渗透破坏	将接头的防渗体断面扩大 大
防冲措施	抛石护底，铅丝笼护底，柴排护底，转角处设置导流堤	

汛期施工险情判断与抢险技术

- **漏洞**
  - （1）探测（进水口）：水面观察；潜水探漏；投放颜料观察水色
  - （2）抢护方法：塞堵法（单个）；盖堵法（多而集中）；戗堤法（多而范围大）

- **管涌**
  - （1）原则：制止涌水带砂，但留有渗水出路 → "防渗"
  - （2）抢护方法：反滤围井（单个）；反滤层压盖（大面积）

- **漫溢**
  - 洪水位超过现有堰顶高程
  - 【注：与堰顶高程计算的联系】

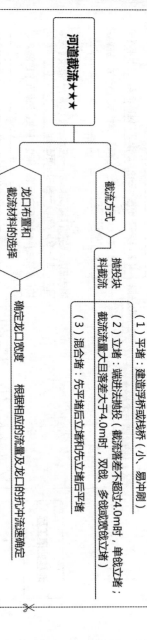

河道截流★★★

├─ 截流方式
│   ├─ 抛投块料截流
│   │   ├─（1）平堵：建造浮桥或栈桥（截流落差不大，易冲刷）
│   │   ├─（2）立堵：端进法抛投（截流落差不超过4.0m时，单戗立堵；截流流量大且落差大于4.0m时，双戗、多戗或宽戗立堵）
│   │   └─（3）混合堵：先平堵后立堵和先立堵后平堵
│
└─ 龙口布置和截流材料的选择
    ├─ 确定龙口宽度
    └─ 根据相应的流量及龙口的抗冲流速确定

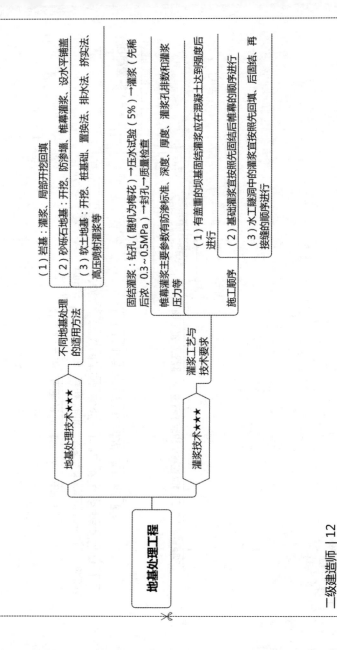

地基处理工程

地基处理技术★★★

　不同地基处理的适用方法

　　（1）岩基：灌浆、局部开挖回填

　　（2）砂砾石地基：开挖、防渗墙、帷幕灌浆、设水平铺盖

　　（3）软土地基：开挖、桩基础、置换法、排水法、挤实法、高压喷射灌浆等

灌浆技术★★★

　灌浆工艺与技术要求

　　固结灌浆：钻孔（随机为梅花）→压水试验（5%）→灌浆（先稀后浓，0.3～0.5MPa）→封孔→质量检查

　　帷幕灌浆主要参数有防渗标准、深度、厚度、灌浆孔排数和灌浆压力等

　施工顺序

　　（1）有盖重的坝基固结灌浆应在混凝土达到强度后进行

　　（2）基础灌浆宜按照先固结后帷幕的顺序进行

　　（3）水工隧洞中的灌浆宜按照先回填、后固结、再接缝的顺序进行

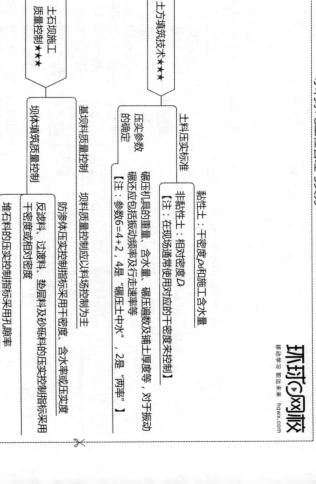

土石方填筑工程

土方填筑技术 ★★★

土料压实标准

- 非黏性土：相对密度 D_r 施工含水量
- 黏性土：干密度 ρ_d 和施工含水量

压实参数的确定

- 碾压机具的质量，含水量，碾压遍数及铺土厚度等，对于振动碾还应包括振动频率及行走速率等
- 【注：在现场通常使用对应的干密度来控制】
- 【注：参数6=4+2，4是"碾压土中水"，2是"两率"】

基坑料质量控制

- 坝料质量控制应以料场控制为主
- 防渗体压实控制指标采用干密度，含水率或压实度
- 反滤料、过渡料、垫层料及砂砾料的压实控制指标采用干密度或相对密度

土石坝施工质量控制 ★★★

坝体填筑质量控制

- 堆石料的压实控制指标采用孔隙率

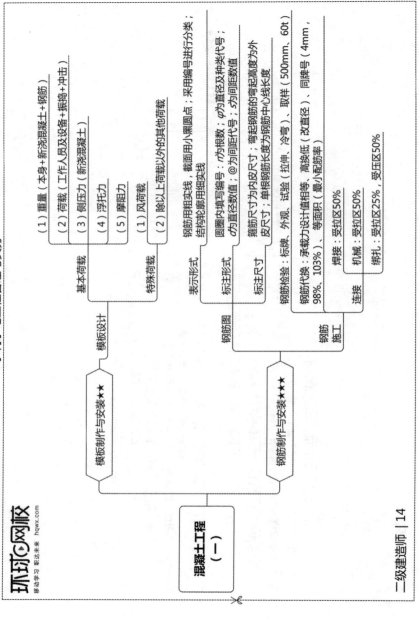

混凝土工程（一）

模板制作与安装★★

　模板设计
　　基本荷载
　　　（1）重量（本身+新浇混凝土+钢筋）
　　　（2）荷载（工作人员及设备+振捣+冲击）
　　　（3）侧压力（新浇混凝土）
　　　（4）浮托力
　　　（5）摩阻力
　　特殊荷载
　　　（1）风荷载
　　　（2）除以上荷载以外的其他荷载

钢筋制作与安装★★★

　钢筋图
　　表示形式
　　　钢筋用粗实线，截面用小黑圆点；采用编号进行分类；结构轮廓用细实线
　　标注形式
　　　圆圈内填写编号：n为根数；φ为直径及种类代号；φ为直径数值；@为间距代号；s为间距数值
　　标注尺寸
　　　箍筋尺寸为内皮尺寸；弯起钢筋的弯起高度为外皮尺寸；单根钢筋长度为钢筋中心线长度

　钢筋施工
　　钢筋检验：标牌、外观、试验（拉伸、冷弯）、取样（500mm、60t）
　　钢筋代换：承载力设计值相等、高低底（改直径）、等面积（最小配筋率）98%、103%
　　连接
　　　焊接：受拉区50%
　　　机械：受拉区50%
　　　绑扎：受拉区25%，受压区50%

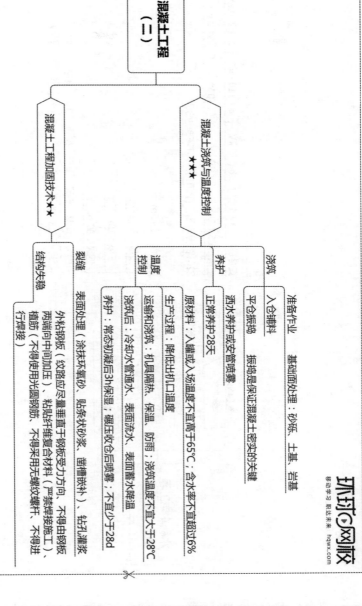

混凝土工程（二）

混凝土浇筑与温度控制 ★★★

浇筑

- 准备作业：基础面处理：砂砾、土基、岩基
- 入仓铺料
- 平仓振捣：振捣是保证混凝土密实的关键

养护

- 洒水养护或安管喷雾
- 正常养护28天

温度控制

- 原材料：入罐或人仓温度不宜高于65℃；含水率不超过6%
- 生产过程：降低出机口温度
- 运输和浇筑：机具隔热，保温，防雨；浇筑温度不宜大于28℃
- 浇筑后：冷却水管通水，表面流水，表面蓄水降温
- 养护：常态初凝后3h保温；辗压收仓后喷雾；不宜少于28d

裂缝

- 表面处理（涂抹环氧砂，贴条状砂浆，凿槽嵌补），钻孔灌浆

混凝土工程加固技术 ★★

结构失稳

- 外粘钢板（纹路应尽量垂直于钢筋受力方向，不得由钢板两端向中间加压），粘贴好纤维复合材料（严禁焊接施工），植筋（不得使用光圆钢筋，不得采用无螺纹螺杆，不得进行焊接）

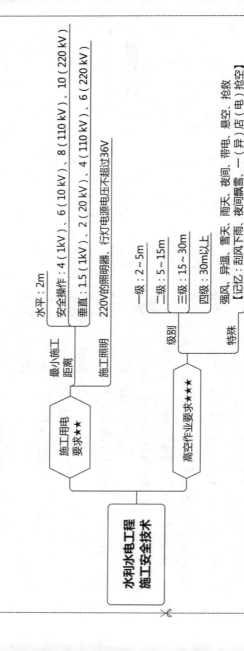

水利水电工程施工安全技术

施工用电要求★★

- 最小施工距离
  - 水平：2m
  - 安全操作：4（1kV）、6（10kV）、8（110kV）、10（220kV）
  - 垂直：1.5（1kV）、2（20kV）、4（110kV）、6（220kV）
- 施工照明
  - 220V的照明器，行灯电源电压不超过36V

高空作业要求★★★

- 级别
  - 一级：2～5m
  - 二级：5～15m
  - 三级：15～30m
  - 四级：30m以上
- 特殊
  - 强风、异温、雪天、雨天、夜间、带电、悬空、抢救
  - 【记忆：刮风下雨、夜间飘雪、一（异）店（电）抢空】

水利工程建设程序（一）

水利工程建设项目的类型和建设阶段划分 ★★★

项目建议书，可行性研究报告，初步设计，施工准备，建设实施，生产准备，竣工验收

后评价

"4"原则：独立，公正，客观，科学

"6"内容：过程评价，经济评价，环境影响及水土保持评价，目标和可持续性评价，移民安置评价，综合评价

水利工程建设项目管理制度 ★★★

"三项"制度　项目法人责任，招标投标，建设监理

（1）阶段：施工准备至竣工验收的建设实施工程进行管理

（2）方案：在可行性研究报告中提出

代建制

（3）单位：施工准备前选定；由项目主管部门或项目法人负责选定

（4）管理费：计入项目建设成本，在工程概算中列支

（5）"3不得"

政府和社会资本合作（PPP模式）　实施程序：项目储备，项目论证，社会资本方选择，项目执行

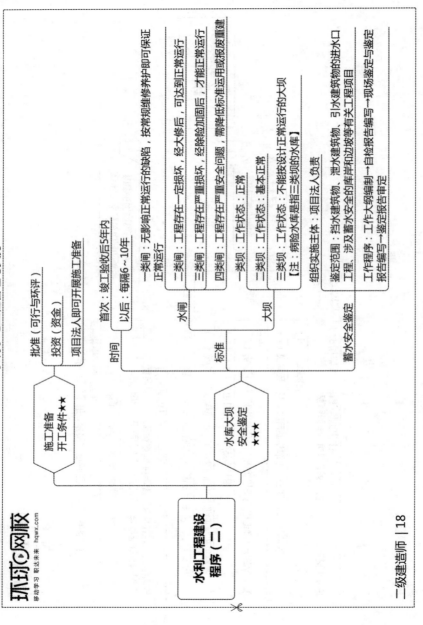

水利水电工程管理与实务

水利工程建设程序（二）

施工准备开工条件★★
- 批准（可行与环评）
- 投资（资金）
- 项目法人即可开展施工准备

水库大坝安全鉴定★★★
- 时间
  - 首次：竣工验收后5年内
  - 以后：每隔6～10年
- 标准
  - 水闸
    - 一类闸：工程存在一定损坏，经大修后，可达到正常运行
    - 二类闸：工程存在严重损坏，经险加固后，才能正常运行
    - 三类闸：工程存在重大安全问题，需降低标准运用或报废重建
  - 大坝
    - 一类坝：工作状态：正常
    - 二类坝：工作状态：基本正常
    - 三类坝：工作状态：不能按设计正常运行的大坝
    - 【注：病险水库是指三类坝的水库】
- 蓄水安全鉴定
  - 组织实施主体：项目法人负责
  - 鉴定范围：挡水建筑物、泄水建筑物、引水建筑物的进水口工程，涉及蓄水安全的库岸和边坡等有关工程项目
  - 工作程序：工作大纲编制→自检报告编写→现场鉴定与鉴定报告编写→鉴定报告审定

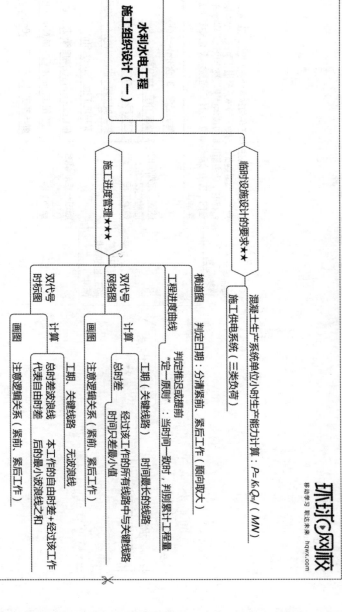

水利水电工程
施工组织设计（一）

临时设施设计的要求★★
├─ 混凝土生产系统单位小时生产能力的计算：$P = K_h Q_m / (MN)$
└─ 施工供电系统（三类负荷）

施工进度管理★★★
├─ 判定日期：分清紧前、紧后工作（顺向取大）
├─ 工程进度曲线
│   └─ 判定推迟或提前
│   └─ "定一原则"：当时间一致时，判别累计工程量
│
├─ 横道图
│
├─ 双代号网络图
│   ├─ 计算
│   │   ├─ 工期（关键线路）——时间最长的线路
│   │   │   └─ 经过该工作的所有线路中与关键线路时间一致的，判别累计工程量
│   │   └─ 总时差——时间最长的线路经过该工作的所有线路中与关键线路时间只差最小值
│   └─ 画图
│   └─ 注意逻辑关系（紧前、紧后工作）
│   ├─ 工期、关键线路（紧前、紧后工作）
│   └─ 关键线路——无波浪线
│
└─ 双代号时标图
    ├─ 计算
    │   ├─ 总的差波浪线——本工作的自由差+经过该工作代表自由的差代表自由时的差
    │   └─ 后的最小波浪线之和
    └─ 画图
        └─ 注意逻辑关系（紧前、紧后工作）

水利水电工程
施工组织设计（二）

专项施工方案
★★★

├─ 专项施工方案
│   有关程序 ─── 专项施工方案应由施工单位技术负责人组织施工技术、安全、质量等部门的专业技术人员进行审核。经审核合格的，应由施工单位技术负责人签字确认。实行分包的，应由总承包单位和分包单位技术负责人共同签字确认

└─ 危险性较大单项工程的划分标准
    ├─ 达到一定规模的危险性较大的单项工程
    │   ├─ 基坑工程：3（含3m）～5m
    │   ├─ 模板工程：搭设高度5～8m
    │   ├─ 起重吊装：非常规10～100kN
    │   └─ 脚手架工程：搭设高度24～50m
    └─ 超过一定规模的危险性较大的单项工程
        ├─ 深基坑工程：5m(含5m)
        ├─ 模板工程：搭设高度8m及以上
        ├─ 起重吊装：非常规100kN及以上
        └─ 脚手架工程：搭设高度50m及以上

造价编制依据（一）

造价分析 ★★★

采购及保管费费率

序号	材料名称	费率(%)
1	水泥、碎石、砂、块石	3.3
2	钢材	2.2
3	油料	2.2
4	其他材料	2.75

材料单价调整系数

材料	材料单价调整系数
主要材料（水泥、钢筋、柴油汽油、炸药、木材等）	1.13
次要材料	1.03
砂、石、土料	1.02
商品混凝土	1.03

造价编制依据（二）

造价分析★★★

单价分析表

单价分析

序号	项目	单价分析
1	直接费	(1)+(2)
(1)	基本直接费	1)+2)+3)
1)	人工费	∑定额人工时数×人工预算单价
2)	材料费	∑定额材料用量×材料预算价格
3)	机械使用费	∑定额机械台时用量×机械台时费
(2)	其他直接费	(1)×其他直接费率
2	间接费	1×间接费率
3	利润	(1+2)×利润率
4	材料补差	（材料预算价格−材料基价）×材料消耗量
5	税金（9%）	(1+2+3+4)×税率
6	工程单价	1+2+3+4+5

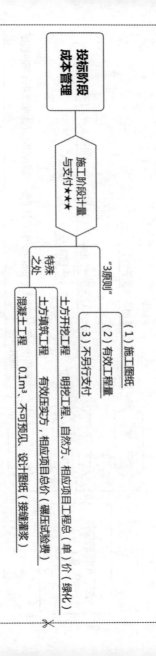

投标阶段
成本管理

施工阶段计量
与支付★★★

"3原则"
(1) 施工图纸
(2) 有效工程量
(3) 不另行支付

特殊
之处

土方开挖工程　明挖工程，自然方，相应项目总价（单）价（绿化）

土方填筑工程　有效压实方，相应项目工程总价（单）价（碾压试验费）

混凝土工程　0.1m³，不可预见，设计图纸（接缝灌浆）

施工招标的条件
与程序（一）
★★★

一 "期" —— 招标文件的发售期不得少于5日

二 "函"

澄清 投标→（17天）→招标人→（15天）→所有投标人→（1天）→招标人

异议 投标 投标→（10日）→招标人→（3日）→招标人→投标人

招标公告 —— 发布招标公告："中国招标投标公共服务平台" 或者项目所在地省级电子招标投标
公共服务平台

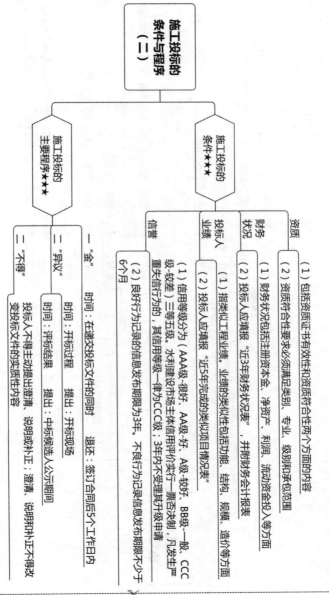

施工投标的条件与程序（二）

施工投标的条件 ★★★

资质
- （1）包括资质证书有效性和资质符合性两个方面的内容
- （2）资质符合性要求必须满足类别、专业、级别和承包范围

财务状况
- （1）财务状况包括注册资本金、净资产、利润、流动资金投入等方面
- （2）投标人应填报"近3年财务状况表"，并附财务会计报表

业绩
- （1）措类似工程业绩，业绩的类似性包括功能、结构、规模、造价等方面
- （2）投标人应填报"近5年完成的类似项目情况表"

信誉
- （1）信用等级分为（AAA级-很好，AA级-好，A级-较好，BB级-一般，CCC级-较差）三等五级。水利建设市场主体信用评价实行一票否决制，凡发生严重失信行为的，其信用等级一律为CCC级；3年内不受理其升级申请
- （2）良好行为记录的信息发布期限为3年。不良行为记录信息发布期限不少于6个月

施工投标的主要程序 ★★★

一 "金"
- 时间：在递交投标文件的同时
- 退还：签订合同后5个工作日内

二 "异议"
- 时间：开标过程
- 提出：开标现场

三 "不得"
- 时间：评标结果
- 提出：中标候选人公示期间
- 投标人不得主动提出澄清、说明或补正；澄清、说明和补正不得改变投标文件的实质性内容

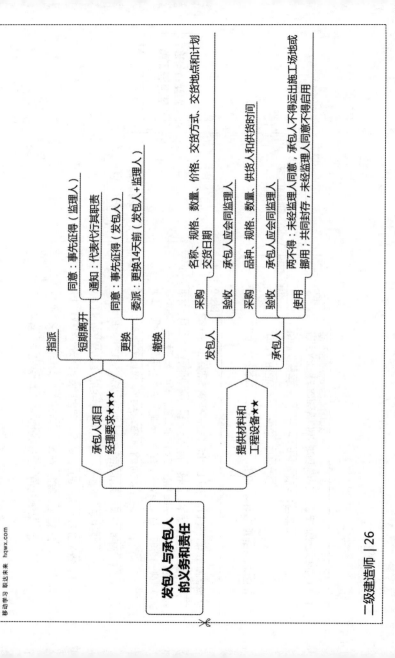

发包人与承包人的义务和责任

承包人项目经理要求★★★

- 指派
- 短期离开 —— 同意：事先征得（监理人）／通知：代表代行其职责
- 更换 —— 同意：事先征得（发包人）／委派：更换14天前（发包人+监理人）
- 撤换

提供材料和工程设备★★

- 发包人
  - 采购 —— 名称、规格、数量、价格、交货方式、交货地点和计划
  - 验收 —— 承包人应会同监理人／交货日期
- 承包人
  - 采购 —— 品种、规格、数量、供货人和供货时间
  - 验收 —— 承包人应会同监理人
  - 使用 —— 两不得：未经监理人同意，承包人不得运出施工场地或挪用；共同封存，未经监理人同意不得启用

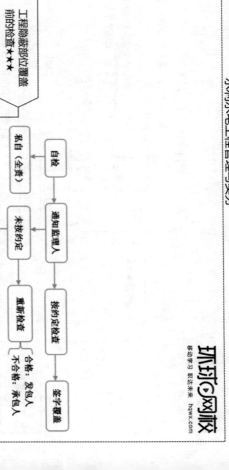

质量条款的内容 ── 工程隐蔽部位覆盖前的检查 ★★★

- 自检
- 私自（全责）
- 通知监理人
- 按约定检查
- 签字覆盖
- 未按约定
- 重新检查（合格：发包人；不合格：承包人）
- 签字确认

水利水电工程管理与实务

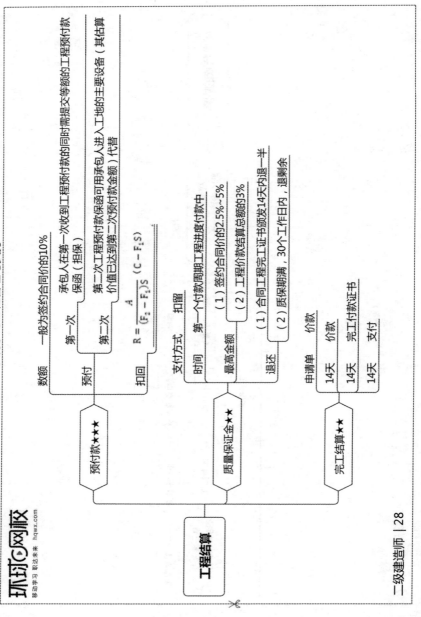

工程结算

预付款 ★★★
- 数额 —— 一般为签约合同价的10%
- 预付
  - 第一次 —— 承包人在第一次收到工程预付款的同时需提交等额的工程预付款保函（担保）
  - 第二次 —— 第二次工程预付款预付保函可用承包人进入工地的主要设备（其估算价值已达到第二次预付款金额）代替
- 扣回 —— $R = \dfrac{A}{(F_2 - F_1)S}(C - F_1 S)$

质量保证金 ★★
- 支付方式
  - 时间 —— 第一个付款周期工程进度付款中
  - 最高金额
    - （1）签约合同价的2.5%~5%
    - （2）工程价结算总额的3%
  - 退还
    - （1）合同工程完工证书颁发14天内退一半
    - （2）质保期满，30个工作日内，退剩余

完工结算 ★★
- 申请单 —— 价款
- 14天 —— 价款
- 14天 —— 完工付款证书
- 14天 —— 支付

变更和索赔的处理方法与原则

变更 ★★★

变更的估价原则

（1）已标价工程量清单中有适用于变更工作的子目的，采用该子目的单价

（2）已标价工程量清单中无适用于变更工作的子目，但有类似子目的，可在合理范围内参照类似子目的单价，由监理人按合同相关条款商定或确定变更工作的单价

（3）已标价工程量清单中无适用或类似子目的单价的原则，由监理人商定或确定变更工作的单价

索赔 ★★★

申请→（10个）→验收→通过→（10个）→核备（核定）→（20个）→意见反馈→鉴定→（30个）→备案+发送

价格调整

价格信息总调整：$\Delta P = P_0 - \text{Max}(P_1, P_2)(1 \pm r\%)$

公式法

$$\Delta P = P_0\left[A + \left(B_1 \times \frac{F_{t1}}{F_{01}} + B_2 \times \frac{F_{t2}}{F_{02}} + B_3 \times \frac{F_{t3}}{F_{03}} + \cdots + B_n \times \frac{F_{tn}}{F_{0n}}\right) - 1\right]$$

水利水电工程
质量管理（一）

水利工程项目法人
质量管理的内容 ★★★

水利工程质
量发展纲要

五个坚持　坚持以人为本，坚持安全为先，坚持诚信守法，坚持务实基础，坚持创新驱动

四个责任制　从业单位质量主体责任制，从业单位领导人员责任制，从业人员责任制，质量终身制

四不放过　事故原因不查清楚不放过，主要事故责任者和职工未受到教育不放过，补救和防范措施不落实不放过，责任人员未受到处理不放过

四早　早发现，早研判，早预警，早处置

水利水电工程质量管理（二）

施工质量事故分类与事故报告 ★★★

损失情况		特大质量事故	重大质量事故	较大质量事故	一般质量事故
事故处理所需物资、器材和设备、人工等直接损失费（万元）	大体积混凝土、金属结构制作和机电安装工程	>3000	>500 ≤3000	>100 ≤500	>20 ≤100
	土石方工程、混凝土薄壁工程	>1000	>100 ≤1000	>30 ≤100	>10 ≤30
事故处理所需合理工期（月）		>6	>3且≤6	>1且≤3	≤1
事故处理后对工程功能和寿命的影响		影响工程正常使用，需限制条件使用	不影响工程正常使用，但对工程寿命有较大影响	不影响工程正常使用，但对工程寿命有一定影响	不影响工程正常使用和工程寿命

水利水电工程质量管理（三）

施工质量事故处理的要求★★★

事故类型	提出	制定	处理方案			备案
			意见	实施		
一般	—	项目法人负责组织	—	项目法人负责组织		上级主管部门
较大	—	项目法人负责组织	—	经上级主管部门审定后实施		省级水行政主管部门或流域备案
重大	项目法人负责组织	—	征得事故调查组意见	报省级水行政主管部门或流域机构审定后实施		—
特大	项目法人负责组织	—	征得事故调查组意见	报省级水行政主管部门或流域机构审定后实施		水利部

水力发电工程质量管理的要求★★

管理职责

领导责任 —— 项目法人、监理、设计、施工单位行政正职

直接领导责任 —— 工程项目现场的行政负责人（项目经理）

技术责任 —— 工程项目技术负责人（总监、设总、总工）

直接责任人 —— 具体工作人员

水利水电工程施工质量评定（一）

施工质量检验的要求（1）★★★

工程中检验不合格的项目处理规定

1）原材料、中间产品一次抽样检验不合格时，应及时对同一取样批次另取两倍数量进行检验，如仍不合格，则该批次原材料或中间产品应定为不合格，不得使用后续工程施工

2）单元（工序）工程质量不合格时，应及时进行处理或返工重作，并经重新检验合格后方可进行后续工程施工

3）混凝土（砂浆）试件抽样检验不合格的，应委托具有相应资质等级的质量检测机构对相应工程部位进行检验，如仍不合格，由项目法人组织有关单位进行研究，并提出处理意见

4）工程完工后的质量抽检不合格，或其他检验不合格的工程，应按有关规定进行处理，合格后才能进行验收或后续工程施工

水利水电工程施工质量评定（二）

施工质量检验的要求（2）
★★★

钢筋质量检测

1）进场：进入施工现场的钢筋，应具有出厂质量证明书或试验报告单，每捆（盘）钢筋均应挂上标牌

2）取样：60t同一炉（批）号、同一规格尺寸的钢筋为一批，随机选取2根经外部质量检查和直径测量合格的钢筋，钢筋端部要截去500mm再取式样。检验时抽取的试件不得少于6组

3）检验项目：包括屈服点、抗拉强度和伸长率三个指标

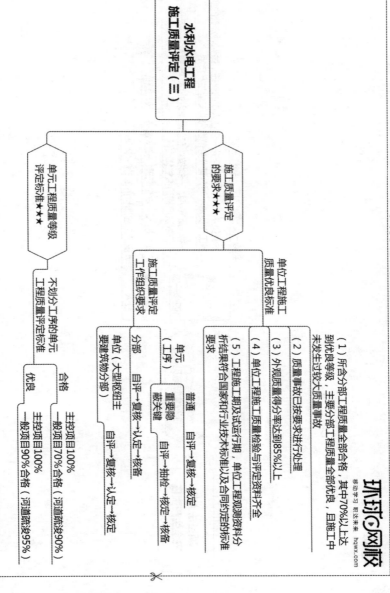

水利水电工程
施工质量评定（三）

施工质量评定
的要求★★★

（1）所含分部工程质量全部合格，其中70%以上达到优良等级，主要分部工程质量全部优良，且施工中未发生过较大质量事故

（2）质量事故已按要求进行处理

（3）外观质量得分率达到85%以上

（4）单位工程施工质量检验与评定资料齐全

（5）工程施工期及运行期，单位工程观测资料分析结果符合国家和行业技术标准以及合同约定的标准要求

单位工程施工质量优良标准

施工质量评定工作组织要求

单位（工序）
自评→复核→认定

单元
普通
自评→复核→核定

重要隐蔽关键
自评→抽检→核定→核备

分部
自评→复核→认定→核定

单位（大型枢纽主要建筑物分部）
自评→复核→认定→核定

单元工程质量评定标准★★★

不划分工序的单元工程质量评定标准

合格
主控项目100%
一般项目70%合格（河道疏浚90%）

优良
主控项目100%
一般项目90%合格（河道疏浚95%）

项目法人的
安全生产责任

水利安全生产
工作实施意见★

方针　安全第一、预防为主、综合治理

一岗双责　主要负责人（安全生产第一责任人）的责任：做到对分管的业务工作负责；对分管业务范围内的安全生产负责

四个一律　一律关闭取缔、一律按规定上限予以处罚、一律责令停产整顿、一律依法严格追究法律责任

四项措施　安全投入、安全管理、安全装备、教育培训

投入　建筑安装工程造价的1.2%～2.0%

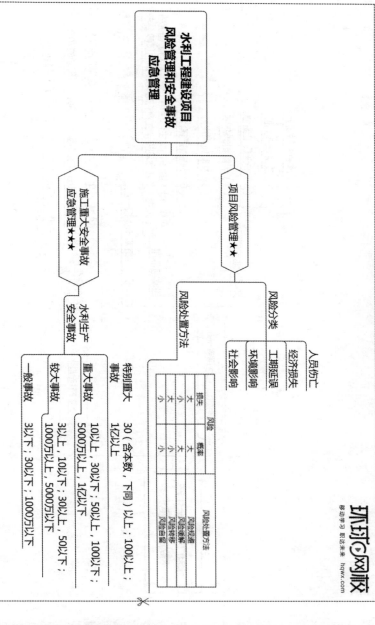

水利工程建设项目风险管理和安全事故应急管理

项目风险管理★★

施工重大安全事故应急管理★★★

风险分类
- 人员伤亡
- 经济损失
- 工期延误
- 环境影响
- 社会影响

风险处置方法

风险		风险处置方法
损失	概率	
大	大	风险规避
大	小	风险降低
小	大	风险转移
小	小	风险自留

水利生产安全事故

- 特别重大事故：30（含本数，下同）以上；1亿以上；100以上；
- 重大事故：10以上，30以下；5000万以上，1亿以下；50以上，100以下；
- 较大事故：3以上，10以下；1000万以上，5000万以下；30以上，50以下；
- 一般事故：3以下；30以下；1000万以下；

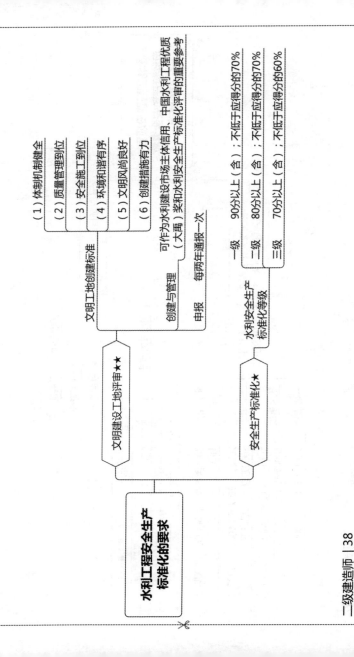

水利工程安全生产标准化的要求

文明建设工地评审★★

文明工地创建标准
（1）体制机制健全
（2）质量管理到位
（3）安全施工到位
（4）环境和谐有序
（5）文明风尚良好
（6）创建措施有力

创建与管理
可作为水利建设市场主体信用、中国水利工程优质（大禹）奖和水利安全生产标准化评审的重要参考

申报
每两年通报一次

安全生产标准化★

水利安全生产标准化等级
一级 90分以上（含）；不低于应得分的70%
二级 80分以上（含）；不低于应得分的70%
三级 70分以上（含）；不低于应得分的60%

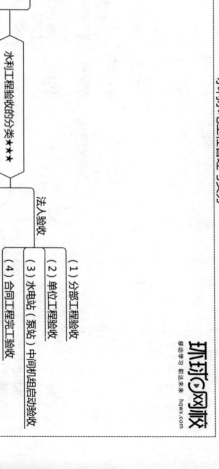

水利水电工程验收（一）

水利工程验收的分类★★★

法人验收
- （1）分部工程验收
- （2）单位工程验收
- （3）水电站（泵站）中间机组启动验收
- （4）合同工程完工验收

政府验收
- （1）阶段验收
- （2）专项验收
- （3）竣工验收

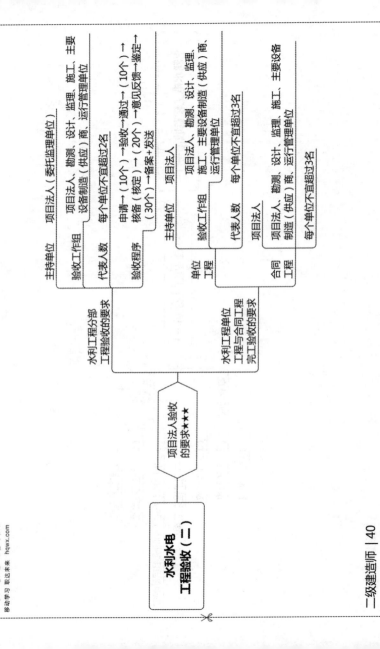

水利水电工程验收（三）

水利工程阶段验收的要求★★★

分类　枢纽工程导（截）流，水库下闸蓄水，引（调）排水工程通水，水电站（泵站）机组启动，部分工程投入使用验收等

主持单位　验收主持单位，质量和安全监督机构，运行管理单位的代表等

验收委员会

水利工程专项验收的要求★★

分类　环境保护，水土保持，移民安置，建设档案

主持单位　按国家和相关行业规定

施工单位编制竣工图要求

（1）按施工图施工没有变动的，须在施工图上加盖并签署竣工图章

（2）一般性的图纸变更及符合杠次划或改要求的，可在原施工图上更改，在说明栏内注明变更依据，加盖并签署竣工图章

（3）凡涉及结构形式、工艺、平面布置等重大改变，或图面变更超过1/3的，应重新绘制竣工图（可不再加盖竣工图章）。重新绘图应按原图编号，并在说明栏内注明变更依据，重绘图应在图标上方加盖并签署竣工图章，监理单位应在图标上方加盖并签署竣工图章

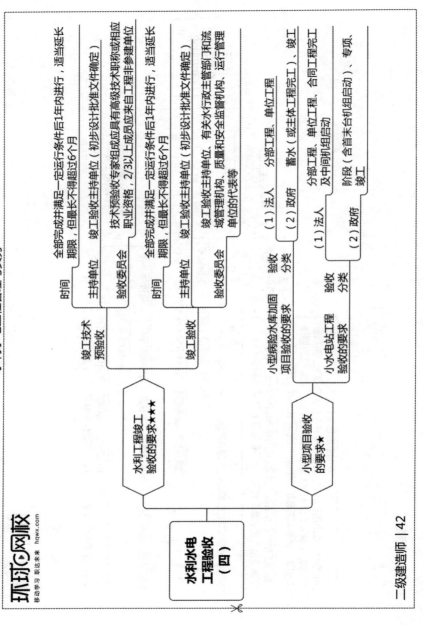

水利水电工程验收（四）

水利工程竣工验收的要求 ★★★

竣工技术预验收
- 时间：全部完成并满足一定运行条件后1年内进行，适当延长期限，但最长不得超过6个月
- 主持单位：竣工验收主持单位（初步设计审批准文件定）
- 验收委员会：技术预验收专家组成员应有高级技术职称或相应职业资格，2/3以上成员应来自工程非参建单位

竣工验收
- 时间：全部完成并满足一定运行条件后1年内进行，适当延长期限，但最长不得超过6个月
- 主持单位：竣工验收主持单位（初步设计审批准文件定）
- 验收委员会：竣工验收主持单位、有关水行政主管部门和流域管理机构、质量和安全监督机构、运行管理单位的代表等

小型项目验收的要求 ★

小型病险水库加固项目验收的要求
- 验收分类：
  - （1）法人：分部工程、单位工程
  - （2）政府：蓄水、分部工程（或主体工程完工）、竣工

小水电站工程验收的要求
- 验收分类：
  - （1）法人：分部工程、单位工程完工、合同工程完工及中间机组启动
  - （2）政府：阶段（含首末台机组启动）、专项、竣工

施工实施阶段监理工作的内容 ★★

开工条件控制

- 签发开工通知
- 分部工程开工
- 单元工程开工
- 混凝土浇筑开仓

工程质量控制

复核方法	混凝土试样		土方试样	
	混凝土试样	重要部位每种强度的混凝土	土方试样	重要部位
平行	不应少于 3%	最少为 1 组	不应少于 5%	最少为 3 组
跟踪	不应少于 7%	无限制	不应少于 10%	无限制

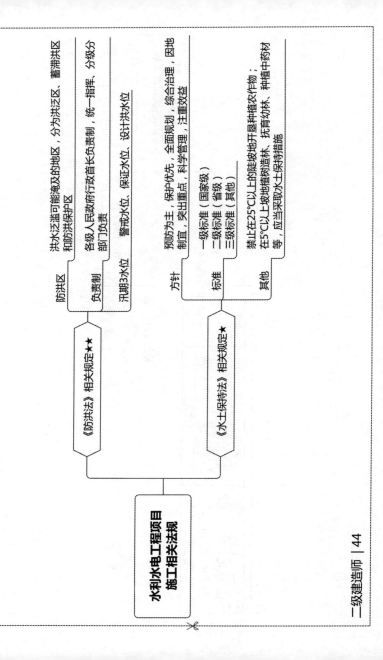

水利水电工程项目
施工相关法规

《防洪法》相关规定★★
- 防洪区: 洪水泛滥可能淹及的地区, 分为洪泛区、蓄滞洪区和防洪保护区
- 负责制: 各级人民政府行政首长负责制, 统一指挥、分级分部门负责
- 汛期3水位: 警戒水位、保证水位、设计洪水位

《水土保持法》相关规定★
- 方针: 预防为主、保护优先、全面规划、综合治理、突出重点、科学管理、因地制宜、注重效益
- 标准:
  - 一级标准 (国家级)
  - 二级标准 (省级)
  - 三级标准 (其他)
- 其他: 禁止在25°C以上的陡坡地开垦种植农作物; 在5°C以上坡地植树造林、抚育幼林、种植中药材等, 应当采取水土保持措施

水利水电工程注册建造师执业管理（一）

水利水电工程注册建造师执业管理（一）

注册建造师执业
工程规模标准★★★

一级注册建造师可担任大、中、小型工程施工项目负责人；
二级注册建造师承担中、小型工程施工项目负责人

农村饮水工程，河湖整治工程，水土保持工程，环境保护
工程及其他等5类工程规模标准仍按以投资额划分：
（1）在3000～2000万元之间的属于中型
（2）小于2000万元属于小型
（3）大于3000万元属于大型

水利水电工程注册建造师执业管理（二）

水利水电工程注册建造师施工管理签章文件★★

施工组织文件
施工组织设计报审表、现场组织机构及主要人员报审表

进度管理文件
施工进度计划报审表、暂停施工申请表、复工申请表、施工进度计划调整报审表、延长工期报审表

合同管理文件
合同项目开工申请表、合同项目开工令、变更申请表、变更项目价格签认单、费用索赔确认单、报价单、回复单、施工月报、整改通知单、施工分包报审表、索赔意向通知单、索赔协商备忘录

质量管理文件
施工技术方案报审表、联合测量通知单、施工质量缺陷处理情况报审表、质量缺陷备案表、单位工程施工质量评定表

安全及环保管理文件
施工安全措施文件报审表、事故报告单、施工环境保护措施文件报审表

成本费用管理
工程预付款申请表、工程材料预付款申请表、工程价款月支付申请表、完工/最终付款申请表、施工管理人员确认表

验收管理文件
验收申请报告、法人验收质量结论、完工验收申请报告、代表施工单位参加工程验收人员名单确认表